U0251037

阅读日本
书系

# 垃圾与资源再生

〔日〕寄本胜美　著

滕新华　　王冬　译

笹川日中友好基金
The Sasakawa Japan-China Friendship Fund

世界知识出版社

# 目　录

# 序　章　战火重燃的垃圾问题

《垃圾战争周报》第一期发表东京都美浓部知事对"垃圾战争"本质的见解

**难以确保的垃圾填埋用地**

——处理垃圾的关键在于确保填埋地的征用，如果在填埋用地上没有后顾之忧，垃圾问题的解决事半功倍。

近年来，垃圾问题再度成为人们关注的热点，与废弃物有关的报道几乎每天见诸报端。尤其是东京，垃圾问题尤为严重，以至于被人们称为第二次"垃圾战争"。其实，如果从二战前算起，这已经是第三次或者第四次"垃圾战争"了。还有不少地方城镇虽不如东京严重，但也基本陷入"紧急状态"（下文中的东京指的是东京各区，不包括多摩地区及岛屿部分。东京都各区的清扫业不是由各区政府负责，而是由东京都环卫局直接承担）。

首先，目前垃圾问题的特征，归根结底还是填埋场地不足。后文中我们也会提到，在物资匮乏的江户时代和明治时代，垃圾回收者在收集过程中对可用废品的回收进行得比较彻底。即便如此，仍有大约30%的废弃物被作为垃圾处理掉了。古往今来，这些真正意义上的垃圾只能被填埋在海里、空地或者山里。焚烧以及压缩、粉碎、脱水等垃圾处理方式，在整个垃圾处理过程中被称为中间处理或者前期处理。除了筛分回收可重复利用的部分以外，焚烧后的残渣以及压缩、粉碎、脱水处理后的大部分垃圾，到了最后也许只有填埋这一条出路。

因此，对于垃圾处理业来说，至关重要的是确保填埋用地的征用，如果在填埋用地上没有后顾之忧，那么垃圾问题至少解决了一半。然而遗憾的是在日本，可供填埋垃圾的土地本来就不多，随着经济高速增长，城镇化及住宅用地的发展势如破竹，寻找新的填埋地变得越来越困难。人们常用"偏、窄、贵"来形容住宅问题，而垃圾填埋场更是如此，一般都位于偏远地区，其可用规模也只有10年，最长不过20年。接下来就是大把大把地花钱，包括购置土地（或交纳使用费）、防止公害、帮助当地恢复原貌等各项开支。

如果这些问题仅靠钱就能够解决还算顺利，还有越来越多的市町村难以在本辖区内找出垃圾填埋地。东京多摩地区的25市2町的行政联合办事处（符合地方自治法规定的特殊地方公共团体）在日之出町征得一处填埋用地，作为该地区共用的垃圾处理场。据说在埼玉县，本应由本县内的市町村处理的焚烧残渣和不可燃垃圾，有40%以上需要转运到茨城县等外县民营填埋场处理。这种"异地填埋"的转运作业基本上是由地方政府委托民营企业完成，而有偿接收并最终处理这些焚烧残渣和不可燃垃圾的也是普通民营企业。不过，对于跨区处理、异地填埋的情况，地方政府通常不愿意向外透露实情。不仅如此，正是由于这部分垃圾是通过民间企业转运到偏远地区，因此，有不少身为委托方的地方政府，连他们自己也不能掌握垃圾的去向。

**垃圾外运的"青森事件"**
——据说曝光前大约20天里，每晚都有十辆满载十吨垃圾的卡车在夜幕中驶出清洁工厂。千叶市不得已采取这种类似战场偷袭的行动，恐怕也有自己的苦衷……

如果情况属实，跨区处理如果利用的也是民营填埋场，那么，从环保角度看其是否处理得当，地方政府无从把握。虽说垃圾收集转运商和填埋处理商都必须经过行政部门审核批准才能从业，但是地方政府作为委托方，如果对垃圾处理企业监管和指挥过严的话，其自身也将陷入进退两难的窘境。

最近有一则关于垃圾异地处理的消息在国内引人关注，这就是千叶市垃圾外运的"青森事件"。据说自1989年5月8日起，千叶市将包括湿垃圾在内的可燃垃圾转运到远在600公里外的青森县田子町的一家民营填埋场，截至5月27日东窗事发被迫叫停，转运的垃圾量达2770吨（按大型卡车计算为259车）。这家垃圾处理场虽说得到了县里的经营许可，可是他们没有焚烧设施，不具备处理湿垃圾的资格，所以，此次接收千叶市的垃圾属于非法行为。

据说在曝光前大约20天里，每天都有十辆满载十吨垃圾的卡车在夜幕中驶出清洁工厂。千叶市不得已采取这种类似战场偷袭

3

的行动，恐怕也有自己的苦衷。当时，千叶市的两个清洁工厂，其中有一个正在检修，部分回收的垃圾势必要请其他地方或民营处理设施协助处理。据说他们找遍了全国有可能协助处理的地方，但除了田子町外，均遭拒绝。况且，垃圾的跨区处理并没有限制在千叶市内。

不过，把大量未经处理的湿垃圾转运到600公里外的偏远地区毕竟不是正常现象。在当时，即便是垃圾长期依赖"跨区处理"的地方政府，其处理对象也仅限于焚烧后的残渣、经过粉碎处理的不可燃垃圾和大件垃圾，几乎没有将包括厨余垃圾在内的湿垃圾直接转运出去的先例。

进一步深究事件真相，人们发现千叶市内其实也有一处正在使用的大型处理填埋场。但是，市政府与土地提供者有约在先，即使是临时性的"紧急避难"，市政府也不能在这里填埋湿垃圾。看来，将垃圾转嫁到农村的做法无非是城市的自私意识在作祟。不过，千叶地区以前也是农村，不是城市，从江户时期到不久以前，始终是东京规模最大的湿垃圾接收地。虽说当初大部分作为肥料、饲料而被有效利用，但是，东京毕竟把千叶当成了可靠的垃圾"接收地点"，而且至今仍有大量产业废弃物从外地非法转运到千叶地区。

**首都圈垃圾处理用地的形势**
**——正在使用的填埋场进入21世纪时基本饱和，规划中可用的土地也少得可怜。大多数地方政府希望"跨区处理"，却又拒绝别人把垃圾运到自己的地盘上。**

在这里，通过图1看一下首都圈废弃物对策协议会的调查结果，我们便可以清楚了解到首都圈（包括茨城、栃木、群马、埼玉、千叶、东京、神奈川、山梨等一都七县）的垃圾处理用地形势有多么紧迫。目前正在使用的填埋场（斜线部分）进入21世纪的时候基本饱和，包括现在规划中的预计今后可用的地方也少得可怜（空白部分）。当然，也许今后新规划用地的还会陆续出现，但其前景并不乐观。

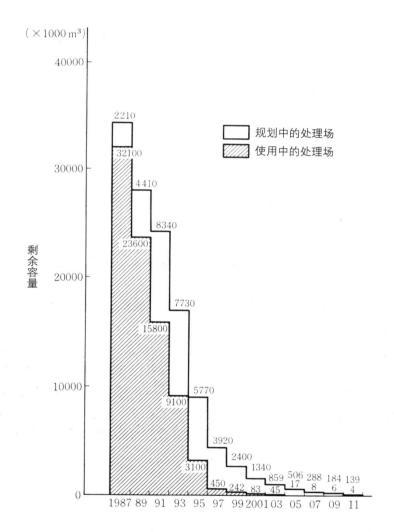

图1　填埋地剩余容量（首都圈）

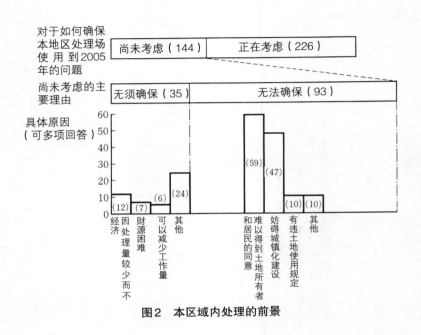

图2　本区域内处理的前景

这也是因为同一调查结果显示，在接受调查的370个地方政府（含联合办事处）中，仅有226个地方政府（含联合办事处）正在考虑如何确保本区域垃圾填埋用地使用到2005年，其余144个地方政府的回答是"尚未考虑"（图2）。而且"尚未考虑"的理由多为即使反复考虑后也是"难以确保"。进而问到"难以确保"的原因时，他们指出，一方面是土地所有者和当地居民坚决反对，另一方面是城镇化导致本来可用于填埋垃圾的空间已经不复存在。看来诸如此类的理由今后将越来越充分。

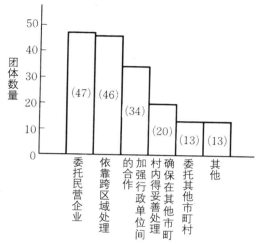

图3　本区域内不能处理时的方策

那么，回答为"在本区域不可能确保垃圾填埋用地"的地方政府，今后是如何打算的呢？图3反映出来的结果无非是不得不依赖"跨区处理"＝"异地填埋"。（……）而"跨区处理"说起来容易，实际上也同样会遭遇到诸如难以获得填埋用地、当地居民反对以及环保措施不到位的问题。这项调查结果还显示，对待跨区征用垃圾处理用地的问题，在接受调查的全部529个地方政府中，有近70%的地方政府表示，即使有人求上门来也准备以"居民反对"或者"没有土地"为由婉言拒绝，而以友好姿态表示接收的仅有5个。

这就意味着，大多数地方政府为摆脱"用地难"的困境只好选择跨区处理，却又反过来拒绝别人把垃圾运进自己的地盘上。

**东京湾填海造地也亮起红灯**
**——自古以来，东京湾就是东京最可靠的垃圾填埋场。当那些内陆城市正在拼命寻找地皮的时候，东京还过着游刃有余的日子。但是好景不长……**

如此说来，今天的垃圾问题无非是填埋用地问题，也就是地皮问题，而且我敢说，全国各地几乎都面临着这个问题，只不过程度有所不同。像北九州市那样，现有的填埋场可以满足20多年需要，这等好事可谓凤毛麟角。另外，利用垃圾在大阪湾兴建巨型人工岛的"凤凰计划"马上就要付诸实施，想必有不少地方政府听到这个消息会大松一口气。不过，最多在十几年后这里也会饱和，到时候想要继续填海，即使在大阪湾里恐怕也就没那么容易了。

那么东京呢，东京从江户时代就依仗东京湾处理垃圾，大海才是东京环卫行业最可信赖的填埋场。正因为如此，即使同在首都圈，当那些内陆城市正在拼命寻找地皮的时候，东京还过着游刃有余的日子呢。

但是好景不长，东京湾的填埋造地现在也亮起黄灯甚至红灯，东京已经陷入名副其实的"垃圾紧急状态"。目前，东京都政府准备将中央防波堤的外侧辟为垃圾填埋场，但是按照现行规划，到1995年这里也将饱和。为此，东京都政府开始在东京湾规划新的填埋场。

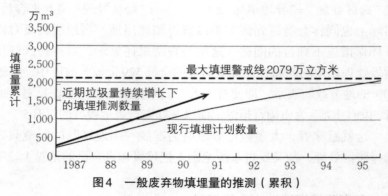

图4　一般废弃物填埋量的推测（累积）

但是，如图4所示，最近的垃圾增长速度迅猛异常，如果任其发展，也许提前不到三年，也就是还有两年多一点的时间，现有的垃圾处理能力有可能达到极限。这种情况一旦出现，东京将面临一场重大危机，再也没有讨价还价的余地。因为即便现在马上确定新的垃圾填埋场的地点，从履行包括环境评估在内的各种手续，到护岸工程等基础设施竣工，至少也要七八年的时间。如果一切顺利，还存在另一个问题，这就是从垃圾饱和的现址停用，到新建处理场投入使用之前的这三四年的过渡期，东京都该如何度过。基于这种极端困难的局面，有人抛出了"1992年危机论"（太田哲二：《垃圾恐慌的1992年》，八重岳书房1989年出版）。更何况问题并没有止步于这个"过渡期"层面上，鉴于继续在东京湾填海造地将对生态环境和海上交通等方面产生恶劣影响，社会上反对的呼声越来越高，居民们的抗议活动此起彼伏。

**向"苗条东京"进军？**

**——想把自己打扮成"苗条少女"，不是坏事。但正如美津浓前知事指出的那样，如果不去挑战垃圾问题的灵魂，到底又能让自己的"体重"减轻多少呢？**

想想看，20年前宣布的"东京垃圾战争"是否已经结束了呢？不知是有幸还是不幸，我没有听到宣布结束的声音。只要没有宣布，就可以认为这场战争还在继续。况且看到现状，也能得知东京垃圾问题的严重程度已经远远超过20年前。

然而，东京这次却有意避开"战争"的说法，喊出"TOKYO SLIM"的时尚口号，尝试开展垃圾减量与资源再生运动，意为"让东京苗条起来"。

东京如此这般换上一副"和平主义"面孔，不料却酿出陆奥地区的"垃圾战争"。《河北新报》1990年2月展开的大规模宣传攻势打上了"东北垃圾大战"的标签，锋芒直指首都圈——首都圈的废弃物一旦入侵东北，应该如何应对？其言外之意莫非是东京方面想结束这场"战争"，东北方面仍然不依不饶？还是说转移垃圾的"青森事件"到现在还没有讨到一个实质性的说法？

事情的本质当然不在于宣传口号用词的层面上。尽管东京都政府决心向垃圾"宣战"，可是距离问题的彻底解决仍然有一段漫长的道路要走。想把自己打扮成苗条少女，原本不是坏事，可是正如美津浓前知事指出的那样，如果不去挑战垃圾问题的灵魂，到底又能让自己的体重减轻多少呢?

　　这个命题正是本书所要论述的基本内容。让我们先在第一章里一瞥垃圾问题的历史渊源。

# 第一章 垃圾处理的历史回顾

东京中央防波堤的垃圾填埋场

再过三年这里也将被填满，然后怎么办？

# 1 江户时代和东京市时期的环卫事业

### 江户时代的垃圾处理状况

**——江户城是世界屈指可数的大都市之一，垃圾处理系统在当时就基本形成了。站在江户街头和垃圾清运者讨价还价，付费后他会帮你把垃圾运到幕府指定的东京湾填埋场。**

垃圾问题的历史大概可以追溯到平安时代、奈良时代，甚至是远古时期。这里，让我们从江户时代看起。

江户城发展为世界屈指可数的几大城市之时，垃圾处理系统便基本形成了。站在江户街头和垃圾清运者讨价还价，付费后他就会帮你把垃圾运到幕府指定的东京湾填埋场。到了1662年（宽文二年），幕府在所有街区推行幕府特许的垃圾处理承包制，禁止各街区使用私船转运垃圾。贵族豪门可以使用自家私船，但是在雇船时有必要得到垃圾船承包商的同意。由于垃圾的转运是利用河道沟渠的船运，所以需要人们把自家垃圾送到垃圾船的停泊地点。另外，那些可回收利用的肥料垃圾、金属垃圾和燃料垃圾，往往在转运途中被筛选出来卖给农家、铁匠铺及澡堂子。

如此看来，早在江户时代，垃圾的产生者、排放者与垃圾的收集者、处理者已经俨然分为两大阵营。随着社会分工的不断细化，垃圾处理业跻身为一种营利性的经营活动。

另一方面，幕府在设法防止在河川空地非法乱弃垃圾的同时，将垃圾承包商限定为幕府公认的、具有股东性垄断权的业者，其目的之一是杜绝以前经常发生的非法乱倒垃圾的现象。1696年（元禄九年），幕府专设名为"垃圾纠察"的衙役，相当于现在的"清扫G．Man（特工人员）"，执行任务时可以带刀，外出巡逻乘坐官船，沿途警告人们不许往河里乱倒垃圾，发现乱倒垃圾的垃圾船当场查封。说到往河里乱弃垃圾的问题，大阪也同样存在，而且比江户还要严重，因为那里河汉密布，水运繁忙，而且素有"天下厨房"之美称。大阪町的官员走马上任，都要到处张贴"河道令之事"的告示（林玲子：《近代的垃圾处理》）。

**明治时代初期**

**——由警察出面向垃圾清运者授予承包权，当时垃圾在人们眼里有利可图，垃圾清运者将垃圾集中到特定场所后，对燃料、肥料、金属等分类回收。**

改朝换代后的东京几乎全盘继承江户时代的垃圾处理体系。随着对污物处理的管控越来越严，"垃圾纠察"被警察取代，由警察出面向垃圾清运者授予特许经营权。同时，垃圾商通过与各家各户签订合同的形式，承包粪便和家庭垃圾的收集处理。由于垃圾的资源价值不亚于粪便，垃圾清运者将垃圾集中到特定场所后，对燃料、肥料、金属等分类回收，只将剩余的废弃垃圾转送到处理场。但是，垃圾清运者经常将垃圾违法倾倒在河沟和空地里，居民乱倒垃圾的行为也屡禁不止。警视厅和东京府贴出厉行环保的布告，鼓励民众遵守公共道德，同时表明坚决取缔的决心。但是，由于财政投入有限，政府显然缺乏改善垃圾处理硬件条件的姿态。在当时的社会里，由于垃圾在人们眼里有利可图，所以，在特许经营中以权谋私的乱象不断滋生。

**《污物扫除法》的出台**

**——国家第一次以法律形式规定地方政府对环卫事业负有全责。东京市在《污物扫除法》出台的第一时间制定了本市的实施细则。**

进入明治30年代后，政府终于加深了对以承包制为主的污物处理制度的质疑。同时开始对疟疾、鼠疫等传染性疾病的防治采取果断措施。为此，必须明确建立行政负责制，以彻底解决污物处理问题。随之出台的相关法规便是1900年（明治33年）的《污物扫除法》。

"除有特定义务者存在之场所，市政府依照本法及其他法令，对本区域内之污物负有清扫并保持清洁之义务。"（第二条）

"市政府有义务对义务者所收集之污物进行处理，但是，市政府可以命令之形式设特殊规定。"（第三条）

上面提到的"义务者"指的是土地所有者或者占有者。然而，除他们应尽的义务之外，国家第一次以法律形式规定市政府对环卫事业负有全责。另外，根据这部法律，各市由官吏具体负责管理环卫事业。于是，我们从中了解到，当时国家已经确定由市政府直接经营的原则。但是，这项原则并没有贯彻到底，没有有效阻止民间从业者的暗中操作。实际上东京市在《污物扫除法》出台的第一时间便制定了本市的实施细则，其中规定："遵循《污物扫除法》第二章之规定，污物应由承包人负责清扫。"于是，全市的环卫事业形成一个由市政府出面，采取定向竞争招标的方式，委托承包人实施的垃圾收集处理机制。

**市政府直营的环卫事业**
**——伴随人口剧增和产业经济增长，东京市的垃圾明显增加，现行承包体制破绽百出。1911年，市政府决定收回垃圾收集转运等承包业务，改由政府直接经营。**

然而其后，在政府与垃圾从业者签定承包协议的过程中，营私舞弊，压低招标价格的腐败现象屡屡发生，中标者不按市里规定收集处理和非法乱倒垃圾的行为十分猖獗。不仅如此，伴随着人口剧增和产业经济的增长，东京市的垃圾处理量也明显增加，导致现行的承包体制破绽百出。鉴于此，尾崎市长时代的1911年（明治44年），东京市作出决定，全市的垃圾收集和转运等承包业务逐步收回，改由政府直接经营。1918年（大正7年）日本桥区改为直营，这标志着全市15个区的政府直营改制工作全部完成。在逐步改制的过渡阶段，每日收集垃圾的次数政府直营要多于承包商，成绩显著，这也是推动东京市全面实现直营化的主要原因（宫川铁次郎：《东京市的卫生》）。

## 垃圾的回收利用

**——垃圾筛分为三类。厨余垃圾，作为肥料直接装船"出口"千叶；可燃垃圾被澡堂子收走；其他垃圾由垃圾清运者回收，据说这是他们一笔不菲的灰色收入。**

然而，根据《污物清除法》实施细则，"垃圾，大部分应予焚烧。"（第五条）值得玩味的是明治时代就已经有了"焚烧主义"思想。东京市当时的垃圾处理顺序如下：

```
                          ↗ 千叶县境内
各户垃圾容器——人力垃圾车——污物处理场 → 焚烧场
                          ↘ 浴池等其他废弃物利用者
```

收集次数通常为饮食店、旅店、餐馆等每日或隔日一次，其他地方每月数次不等。收集而来的垃圾首先运到分布全市的10个污物处理站（临时中转基地），在这里将垃圾大致筛分为三类。先是厨余垃圾，作为肥料直接装船"出口"千叶。在前面提到的垃圾转移的"青森事件"发生后，千叶市被人们指责为"自私城市"，其实，曾经的千叶是东京最大的湿垃圾接收地。

再就是厨余垃圾以外的垃圾。和江户时代的做法一样，可燃垃圾被澡堂子收走，其他垃圾由清运者挑拣回收，据说这是他们的一笔不菲的灰色收入。就这样，在污物处理站筛选出的有价物约占全部垃圾的70%左右，只有剩余的纯垃圾送去焚烧（宫川铁次郎：《东京市的卫生》以及孙永培：《关于首都东京环卫行政的研究》未出版）。

## 垃圾转运站变成筛分回收场

**——"这里变废为宝的过程寓意深刻，让我感叹这世间万物，唯一没有再生机会的，原来就是成为无用之人。"妇女运动领袖如是说。**

垃圾转运站（收集站）对各家各户收集来的垃圾进行挑拣和回收，既是垃圾装船的中转基地，也兼备现在的"资源再生中心"

的筛分功能。进入昭和时代以后，"各户垃圾→挑拣回收→再利用设施"的流程也非常活跃。当年和市川房枝女士齐名的妇女运动领袖山高茂理女士曾经这样描写过昭和七、八年（1932—1933年）人们捡垃圾的场面（引自《我们的幸福靠我们的双手》）。

　　垃圾清运者把我们家的垃圾从垃圾箱里取出来，装到车上运走。运到哪儿呢？我跟踪调查了一番。原来垃圾先被运到河边的转运站，在那儿集中装船，最后运到垃圾填埋场。到了转运站一看，许多人在那儿用手挑拣，把挑出来的废品分成十几种。比如破衣服被细分为棉布的、丝绸的和毛线的，废纸也被分为硬纸板、普通纸和废纸，其他还有碎玻璃、碎木头等等。收废品的把它们集中起来送到工厂做原料，比如碎布头可以加工生产出赛璐珞，旧报纸可以生产纸板……纵观垃圾变废为宝的过程，寓意深刻，让我感叹这世间万物中唯一不可再生的，就是无用之人。

## 2　战前、战时的垃圾问题和垃圾减量运动

### 筛分回收与焚烧处理

　　——二十世纪初焚烧垃圾采取的是露天方式，将垃圾堆积在野外任其燃烧，作业环境极为恶劣。东京最初兴建室内焚烧场是关东大地震发生后的第二年（1924年）。

　　看到妇女领袖笔下淋漓尽致的垃圾回收场面，可以认为昭和初期的垃圾回收利用率相当可观，与过去一样，能够保持在70%的水平上。然而时隔不久，垃圾问题还是不期而至。从回收利用的筛子中漏掉的30%，只有乖乖接受处理了，其具体办法不外乎是焚烧。

　　的确，焚烧处理在保持环境卫生上有其优越的一面，它可以让有机物变成无机物，防止蚊蝇滋生，避免臭味散发等。但是，就实际情况而言，大正时代采取的仍然是露天焚烧方式，把垃圾堆积在野外任其燃烧。虽然焚烧后的残渣中仍可以淘到金属和玻璃等具有回收价值的东西，但是，熏天的臭气、呛人的烟灰、

撩人的热气和成群的蚊蝇严重污染了环境。为此，在大正10年（1922年）后，周边居民经常有组织地举行抗议活动，要求撤除露天焚烧场。当时，东京市的垃圾处理量每日为20万贯（750吨），室内焚烧场的建设也因居民反对而数次流产，甚至有人说："最让东京历代市长头疼的病根就是无法处理的污物。"（沟入茂：《垃圾百年史》）

据说当时一部分地方城市已经走在东京前面，垃圾的焚烧处理实现了常态化。东京最初兴建室内焚烧设施是在关东大地震发生的第二年，即1924年（大正13年），在东京市近郊的大崎町建成的垃圾焚烧场。一年后，涩谷町焚烧场落成，由于地处毗邻的目黑町境内，遭到目黑町居民的反对，居民袭击焚烧场时甚至与警察发生肢体冲突。谙熟东京垃圾处理历史的沟入茂先生甚至将当时町与町之间严重对立的这段历史，定位为"东京第一次垃圾战争"（来源同上）。

**分类收集的出现**
**——"既然蚕豆皮、白菜帮之类的厨余垃圾不易燃烧，为什么非要和废纸、碎木头占多数的混合垃圾裹在一起焚烧不可呢？如果收集时就分类……"**

东京市于1932年（昭和7年）将大崎町、涩谷町和目黑町等吸收合并，组成了35个区的行政架构。随着这些町所属的焚烧场移交东京市管理，垃圾处理问题自昭和以来开始有所改善，东京市终于在王子、入新井、深川等地区先后建起焚烧场，原来每天产生的30万贯（1125吨）垃圾中有20万贯交给焚烧场处理，只有剩余的10万贯在野外焚烧。然而，时至1933年（昭和8年），前面说过的"涩谷·目黑纷争"硝烟未散，而坊间所说的"毒烟事件"（深川煤烟骚乱）烽火又起。据说负责焚烧处理东京市内垃圾最大的焚烧场——深川海岸工厂的4根巨大烟囱排放出来的粉尘污染环境，周围小学陆续有学童感染支气管炎，或者患眼疾。市川房枝女士和山高茂理女士得知这个消息后发起成立"市政净化妇女联盟"并且立刻行动,多次考察现场,与市政府环卫科频繁交涉,最后得出的结论是必须推行垃圾分类收集制度。

"毒烟事件"在深川区反响强烈,区政府、区议会和区民团结一心,开展了一场轰轰烈烈的撤除焚烧场运动。但是,混在垃圾里的有机物致使焚烧处理不可能完全做到无害化,在这种情况下,简单采取迁移焚烧设施的办法于事无补,必须断绝产生烟尘的根源。妇女领袖指出:"既然那些蚕豆皮、白菜帮之类的厨余垃圾不易燃烧,为什么非要和废纸、碎木头占多数的混合垃圾裹在一起焚烧不可呢? 如果一开始就想办法将其分类收集,先对水分大的厨余垃圾进行免烧处理,然后再焚烧混合垃圾,还会出现毒烟问题吗?"

其实,东京市早就已经意识到垃圾分类的必要性,部分地区正在实施。了解到这种情况以后,妇女领袖们四处奔波,一方面要求市环卫科、市长和市议会全面推行并贯彻垃圾分类制,另一方面号召全市妇女积极配合,实行垃圾减量和分类收集。据说她们的行动之一是在晚间借用数所小学的校舍举行集会,请市保健局局长和环卫科科长到场讲演,然后上演她们自编自演的活报剧《阿春嫂之梦》。市川房枝后来回忆说:"我当时也被她们拉上去当了一回演员,扮演垃圾箱里的石头,结果上台后忘了台词,真成了一块不会说话的石头了。"

另据市川女士称,随着日本生活时尚化,虽然妇女在争取选举权上还有一定难度,但她们主动把政治和生活、政治和厨房结合起来。换句话说,她们也在加强攻势,"在这个反动时代里以灵活机动的战术,为自己争取到政治上的自主权"。妇女们在要求煤气费降价的同时,在垃圾问题上也不含糊,她们不失时机地利用烟害事件,在政治与厨房的关系上大做文章(以上均引自市川房枝:《我的妇女运动》,1972年,秋元书房出版)。

第一章　垃圾处理的历史回顾

**现实战争与垃圾战争**

——垃圾减量可行，粪便减量则是办不到的。不管战争打到什么份儿上，总不能让人憋着不去厕所吧。所以，市政府向垃圾开战，节约燃油和人力。

不过，东京的垃圾问题在其后的太平洋战争爆发前后再度成为焦点。市政府编发的宣传报上"垃圾战争"的字眼充斥每期版面。比如《市政周报》（1942年1月17日）的专栏"编者案语"里就有如下一节：

目前，垃圾治理人手紧张，运力不足，严重影响垃圾转运，环卫部门希望全市每天70万贯（2625吨）的垃圾减少到一半。空地多的新城区该烧的烧，该埋的埋，目的只有一个：彻底消灭垃圾。恰似发生在我们身边的大东亚战争。消灭垃圾，痛击美英！家庭主妇和佣人们，大家立刻行动起来吧！

"消灭垃圾，痛击美英！"这话说得有点耸人听闻，在当时那种形势下，为什么非要以这种精神向垃圾减量发起挑战不可呢？

原因只有一个：确保环卫业的"运力"。当时正处于现实战争时期，汽油和车辆捉襟见肘，更苦于人手不足。前文的专栏也有所指出为了渡过眼前这道难关，让垃圾彻底减量势在必行。事实上也是因为垃圾减量切实可行，而让粪便减量则是办不到的，不管这场战争打到什么份儿上，总不能让人憋着不去厕所吧。所以，市政府采取垃圾减量的办法节约燃油和人手，同时确保粪便的收集和转运。

关于这个背景，《市政周报》（1942年1月30日）发表题为"向垃圾开战"的文章，当时的东京市环卫部部长以一问一答的形式指出：

情况是这样的，比如说过去我们总是依赖汽油，现在实际上有一部分车辆的能源用木炭代替，开起来别别扭扭的，效率降低四成左右。机动车总数减少了，该淘汰的老爷车得不到补充，导致机动车运力明显下降。经常有人问我，卡车不够用，能不能用手推车或马车代替？如果用手推车代替卡车，一卡车的垃圾，30辆手推车才能运走。这么干的结果，汽油倒是省下来了，可是劳

19

动力又出了问题，而且垃圾转运的效率也低了不少。所以环卫事业受到各种因素的制约，我们只能在夹缝里求生存。

战前和战时的垃圾减量运动

——居委会和妇女会以地区为单位，统一回收，卖给废品回收者。集体回收活动一旦如火如荼开展起来，简直让人觉得这世界上仿佛已经没有垃圾可言了。

那么在太平洋战争爆发前后，垃圾减量运动是怎样运作的呢？在垃圾转运站里把有价值的废品筛选回收的情况，前文已经介绍过了，在这之前的家庭生活阶段，废品的筛选回收做得更加彻底。很多地方的居委会和妇女会以地区为单位将各家各户的垃圾集中起来，统一回收，卖给废品回收者，其特征类似今天的集体回收活动。昭和10年（1935年）以后，时局继续恶化，由居委会主导的地区回收活动越来越普及，力度越来越大。这里展示的是东京市神田区的某居委会在启动废物利用活动时印发的传单，时间是1938年6月，全文如下：

关于开展废物利用活动的通告

众所周知，面对史无前例的非常时期，国家要求我们爱护资源，废物利用，期待大家像勤俭持家踊跃储蓄一样，以国家为重，紧急行动起来，进一步践行国民精神总动员令。

本居委会一致决定，全体干部团结合作，在全市3000个居委会中率先行动，来实现这场空前艰难的事业。具体安排如下：

作为非常时期的纪念活动，将个人难以向废品站出售的废品集中起来统一出售，所得款项计入居委会会费收入，争取在不久的将来不再向大家收取会费，每年度末报告收支情况。恩请本居委会各位居民慷慨奉献，竭诚支援为盼！

以往丢弃到垃圾箱的如下废品，请您投入到居委会统一配送的回收筐内，不宜装筐的垃圾请另行集中安放。

纸屑（含硬纸板等所有纸制品）、旧报纸、旧杂志、旧书、旧账本、旧笔记本、旧书信、旧纸箱、空瓶、玻璃（废灯泡、碎玻璃、玻璃杯等)、金属类(铁钉、废铁、黄铜、铜、铝、马口铁、瓦楞铁、锅类、玩具、水桶、空罐等)、棉屑、足套、袜子、手套及其他旧纺织品、皮革类(皮带、钱包、学生书包、皮鞋及其他废品)、橡胶(玩具、皮球、冰袋)、毛、绳类。

居委会每五天上门收集一次。收集人使用的废品车上插有居委会的会旗,敬请注意。

昭和13年6月

社团法人 神田北西会会长 志田敏次

致各位会员

读过这张传单后有一点值得深思,神田北西会将废品回收与战争需要完全捆绑在了一起,成为一种间接支援前线的活动。而另一方面,卖废品的收入被充作居委会的活动经费。时至今日,这种做法仍然不失为人们常用的经济刺激手段。说一千道一万,撒网式的废品集体回收活动一旦如火如荼地开展起来,简直就让人觉得这世界上仿佛已经没有垃圾可言了。遗憾的是好景不长,日本坠入战败的深渊,物资和食品极度匮乏,且不说那些可回收利用的废品,就连垃圾本身都难觅其踪影了。

## 3 "杉并纷争"的回顾

### 战后重启的垃圾处理业

——1947年,东京都政府重新启动厨余垃圾和混合垃圾的分类收集。1954年组建的环卫局成为"独当一面"的行政机构。

战后初期,东京沦为垃圾不如的一片焦土,环卫事业的主要任务是处理废墟上的渣土瓦砾。而在不久以后的1947年(昭和22年),厨余垃圾和混合垃圾的分类收集便重新启动。与此同时,东京都政府一边努力修复和新建焚烧场,一边为环卫事业的扩编招兵买马。1951年组建环卫总部,1956年更名为环卫局。至此,东京都环卫事业彻底摆脱了明治以来隶属卫生行政部门的传统性质,成为"独立"的行政机构。进而在法制建设上也有所突破,例如

1954年《污物扫除法》得到全面修改，颁布实施《清扫法》，在1970年的"公害国会"上全面修改《清扫法》，新出台了现行的《废扫法》（关于废弃物的处理及清扫作业的法律），充分兼顾到环卫事业所面临的垃圾数量增加和成分变化等各方面的实际情况。

但是如此这般的一番治理，尤其是垃圾处理设施的建设，并没有跟上东京垃圾量高速增长和质变的步伐。顺便指出，直至垃圾战争爆发的1971年（昭和46年），垃圾的焚烧处理率也勉强占到全部收集量420万吨的30%。因此，此前1967年公布的杉并区垃圾处理工厂建设计划，对于东京都政府试图改变这种被动局面，更具有举足轻重的位置。

在这种状态下，1968年入主东京都政府的美津浓知事也把这项建厂计划接过来，但是遭到杉并区高井户建设用地所处居民的强烈反对，并且其核心人物就是拥有这块土地的家族。他们在建设用地上安营扎寨，阻拦测量，同时向法院起诉，要求取消城市规划部门的这一决定。

针对这种局面，美津浓知事在1971年9月召开的东京都议会上宣布东京进入"垃圾战争"状态。如果从战后算起，这是东京迎来的第一次垃圾战争。

### "垃圾战争"对策总部的成立
### ——成立于1971年的"垃圾战争对策总部"破例成为东京都政府组成部门。

其后的10月，《垃圾战争周报》创刊，与此同时东京都政府成立东京都垃圾战争对策总部，这份周报便是该总部编辑发行的内部参考材料。

应当说，将"垃圾战争对策总部"这样的称呼列入东京都政府组成部门是破例之举，当时东京都政府高层的态度是，该总部的职责与其说是指挥整个垃圾战争的参谋总部，不如说只是相当于局部战役打响后的前沿阵地。因为东京都政府本来就决定在高井户建设用地附近设立一个临时事务所，负责收集相关信息，并与当地居民保持接触。

**尝试邀请居民参与**

——成立有官员、议员、专家、区内各界团体和居民代表组成的协调组织，从几个候选地中选定适于建设垃圾处理设施的用地，是具有划时代意义的尝试。

美津浓知事发表"战争宣言"之后，决心继续走协商路线，努力避免与反对派的当地居民发生冲突。1972年，东京都暂时冻结高井户建设方案，成立名为"都区恳"（东京都政府和区政府的恳谈会）的协调组织，争取从包括该建设用地在内的5个候选地中选出合适的厂址。在"都区恳"的38名委员中，除了杉并区和东京都职员、议员以及专家学者之外，还包括区内各界团体代表10名，目的是通过居民代表的参与，从几个候选地中选定适于建设垃圾处理设施的用地，可以说，这是一次具有划时代意义的尝试。

但是有人认为，这次邀请居民参与的尝试性做法，到了5个候选地反对派居民的眼里，也是最不讲民主的做法。因为只有邀请与建厂计划有直接利害关系的建设用地周边居民担任委员，这种形式的参与才有实际意义，而不是只请普通的区民代表。换言之，选定建设用地的民主作风只能体现在候选地居民对决策过程的参与程度上。基于这个思路，他们向"都区恳"提出申请，要求从5个候选地当中再分别追加5名委员，可是"都恳会"虽然听取了他们的意见，但还是以表决方式拒绝了他们的申请。另外，反对派居民还强烈反对"都恳会"最终以"德尔菲法"（亦称专家调查法，统计各位委员最初给出的分数，将统计结果反馈给各位委员，请其再次打分，修正第一次的分数最终得出各方妥协的预测结果）确定厂址的做法，甚至还发生过居民闯入会场，导致会议无法继续举行的严重事件。

在事态的不断恶化中大为恼火的莫过于江东区。对于江东区来说，不管杉并区居民如何高谈阔论，只要不接受垃圾处理工厂，他们就是一群自视清高、自私自利、大搞地方保护主义、置长年忍受"垃圾公害"困扰的地区不管不顾的小人。因此,江东区对反对派居民逼停"都区恳"的粗暴行为忍无可忍,使出非正常手段,连区长也亲自上街,阻止杉并方面的垃圾车驶入本区。结果立竿见影,杉并区的垃圾收集一度停顿,街头垃圾泛滥成灾,生活处于不正常状态。

### 居民的自私与"垃圾处理不出区"的原则

——在垃圾问题上,居民本身又是排放者,所以盲目反对建设垃圾处理设施的居民已经沦为事实上的加害者,没有资格成为讨论城市问题的主体参与者。

事件发生后,"都恳会"在高井户地区重新选址,该地区反对派居民继续呐喊,坚决反对。但是,东京都政府在土地征用上态度是强硬的。1974年11月,双方终于通过法庭达成了和解。

这时,距离第一次东京垃圾战争的宣言已经过去两年有余。如果把此前发生冲突的时间也包括进来,双方对峙已达8年之久,给我们留下了不少富有启迪意义的经验教训。

表1 高井户地区居民问卷调查表

在一系列反对运动中存在各种分歧意见,您认为其中最核心问题是什么(可多项选择)?

| | | | |
|---|---|---|---|
| 1 | 担心工厂运作中伴有各种公害发生<br>(空气污染、运输车辆的公害) | 29 | 74.2% |
| 2 | 影响周围地区的形象 | 3 | 7.7% |
| 3 | 有可能导致地价下跌 | 1 | 2.6% |
| 4 | 补偿金(扰民费)问题 | 0 | 0 |
| 5 | 加大当地复原设施的力度 | 1 | 2.6% |
| 6 | 对自区处理的原则表示怀疑 | 1 | 2.6% |
| 7 | 对决定建设用地的程序不满 | 3 | 7.7% |
| 8 | 其他 | 1 | 2.6% |

引自《地域开发》1977年4月刊

首先是居民的自私意识和地方保护主义不断突显。有人站出来评论说，过去在日本，经济高速发展引发的公害问题让居民备受折磨，而革新后的地方政府不断进步，开始强调居民身为受害者的立场，居民拥有身为地方自治主权人的权利和参与资格，基本上消灭了在居民面前踢皮球的现象。但在垃圾问题上，居民本身又是垃圾排放者，所以，盲目反对建设垃圾处理设施的居民已经在事实上沦为加害者，所以没有资格成为讨论城市问题的主体参与者。

据调查，当时的居民对焚烧设施的印象主要是气味难闻、粉尘污染、垃圾车频繁进出等公害问题。普通居民的第一反应是让这种东西在自家门口落脚等于自讨苦吃。根据表1提供的数据，杉并区的反对派居民所持的无非也是这种看法。

这种看法很容易在区域之间，尤其是垃圾排放区域和接收区域（有处理设施的区域）之间引发矛盾。"杉并冲突"的特征也集中体现在这一点上，正是出于这个原因，东京都才提出"垃圾处理不出区的原则"。

东京城区的环卫作业一向由东京都政府负责，区政府并不会直接参与。但是诸如垃圾处理设施之类的"扰民工程"，理想的解决方式应当是各区公平分担，各区适度接受。随着经济的发展和交通运输手段的日益发达，当时也有人开始宣扬"大区行政"的必要性，但是，形势越是发展，这个原则所强调垃圾排放区域的责任，呼吁各区在本区内自行解决为主的意义就越发深远，其示范作用在很大程度上影响全国。就东京而言，没有必要在所有的23区都配备焚烧设施，何况填埋地就更没必要了。于是，就要求没有垃圾处理设施的区接受其他相关设施的安排，比如建立垃圾运输中转站等。

具体到杉并区VS江东区，随着"垃圾处理不出区"的原则渐渐获得各地政府的肯定和普遍接受，不用说，自觉理亏而处于被动立场的肯定是没有垃圾处理工厂的杉并区。由此，杉并区政府高层和议会将在这种不利的形势下主动请缨，敦促东京都政府在本区建设垃圾处理设施。同时，一向倡导"去包装化"和垃圾减量运动的消费者团体成立了"垃圾恳"（垃圾问题恳谈会），广泛开展支持区内建设垃圾处理工厂的运动。

**区域纷争范围的扩大**
**——时至今日，地方政府之间围绕垃圾处理的区域纷争，其版图已经扩大到东北VS首都圈了。**

区域间的纷争还发生在东京都内的多摩地区。多摩地区北部的瑞穗町和羽村町分布有多处采砂后留下的大沙坑，形如巨大磨盘。三鹰、武藏野等多摩地区的许多市町借垃圾商之手，将垃圾焚烧后的残渣和不可燃垃圾倾倒在这些大沙坑里。当年我曾经到现场考察过，沙坑周边几乎没有一条像样的柏油路，装垃圾的卡车驶过时尘土飞扬，排放在这里的垃圾还混有湿垃圾和工业废弃物，处理方法之简单，无法与现代化处理方法相比。所以，这里常年臭气熏天，蚊蝇成群。据说面向处理场的民宅整日里门窗紧闭，附近都营的政府公租房是全东京绝无仅有的空置房。不久，这两个町的行政当局和当地居民对乱倒垃圾方表示强烈抗议，同时以预防公害蔓延和消除扰民后果为名，要求有关方面给与经济补偿。

就武藏野市和三鹰市而言，当时已经在市民参与市政管理方面走在了全国前列，而在羽村町和瑞穗町的人们看来，他们把当地解决不了的垃圾，扣在我们头上，这叫什么市民自治！时至今日，围绕垃圾处理的区域间纷争如序章所云，其版图已经扩大到东北VS首都圈了。

# 4　应该汲取的教训

### 何谓自治

——当年第一次东京垃圾战争中不愿正面承认的居民自私意识和地方保护主义，现在已经赤裸裸地暴露在光天化日之下，不管你愿不愿意看到。

我们回头再看，在当年的第一次东京垃圾战争中不愿正面承认的居民自私意识和地方保护主义，现在已经赤裸裸地暴露在光天化日之下，不管你愿不愿意看到。"扰民设施"这种表达方式从这时起也被人们挂在了嘴边上。比如扰民设施与本区域及当地居民之间的关系，再比如所谓"居民参与"或者"市民自治"的某种承受能力。总之，所有的矛盾都前所未有地浮出水面。于是，在垃圾处理告急的形势下，地方政府和当地居民都不得不直接面对垃圾问题的本质和处理方法，更不能回避围绕城市自治所产生的其他各种问题。

### 三大本质与五大问题

——重温美津浓知事当年力陈的垃圾战争"本质"和今后必须克服的"问题"，仍然有其重要的现实意义。

在东京都政府不惜动用"战争"这个词，在其背景中似乎有一条万变不离其宗的基本思想。美津浓知事在议会"宣战"的那次演说中，指出了"垃圾战争"的"本质"和今后必须克服的"问题"。这些问题的提出，至今仍有深远的意义。

三大本质：

（1）垃圾战争的展开意味着传统产业优先、政治权力优先的城市建设向生活优先型城市改造的转变。

（2）垃圾问题涉及千家万户，遍及大街小巷，垃圾问题能否解决是对东京人思想观念的一次考问。

（3）在官僚主义、懒散作风和漠视居民利益的不负责任的体制下，垃圾问题肯定得不到解决。

五大问题：

（1）东京都政府投身垃圾战争的姿态。

（2）市民对垃圾问题的理解和配合。

（3）加重垃圾问题的企业的责任。

（4）国家与地方对垃圾问题的财政投入。

（5）垃圾处理的技术问题。

# 第二章 垃圾增长的原因

新干线产生的垃圾

其中的塑料袋竟然如此洁白

# 1 法律法规与废弃物

《废扫法》与垃圾分类

——1971年出台的《废扫法》将废弃物分为两大类：产业废弃物和一般废弃物。产业废弃物指的是企事业单位在经营活动中产生的废弃物，其他废弃物统称为一般废弃物。

表2　产业废弃物

| | |
|---|---|
| ①燃渣<br>②污泥<br>③废油<br>④废酸<br>⑤废碱<br>⑥废塑料 | 《废扫法》第二条第3项 |
| ⑦废纸屑<br>⑧废木料<br>⑨废纤维<br>⑩动植物残渣<br>⑪废橡胶<br>⑫废金属<br>⑬碎玻璃及陶瓷片<br>⑭矿渣<br>⑮废建材<br>⑯家畜粪便<br>⑰家畜尸体<br>⑱煤灰<br>⑲处理产业废弃物时产生的废弃物 | 《条例》第一条 |

自《污物扫除法》颁布以来的长时期内，垃圾在法律上被视为"污物"中的一种，甚至连现在所说的产业废弃物，在1954年

颁布的《清扫法》里也被表述为"特殊污物"。1971年出台的《废扫法》取代了《清扫法》，成为在日本历史上最早使用"废弃物"代替"污物"的法律。

《废扫法》将废弃物划分为两大类：产业废弃物和一般废弃物。所谓产业废弃物指的是企事业单位在经营活动中产生的废弃物，共有19种。其中《废扫法》规定的有6种，政令条例确定的有13种，具体内容如表2所示。至于没有列入表中的其他废弃物则被统称为一般废弃物。

| 产业废弃物 | 一般废弃物 | | |
|---|---|---|---|
| 3亿1220万吨<br><br>（全国）<br><br>1985年 | 企事业类一般废弃物 | 4800万吨<br><br>（全国）<br><br>1988年 | 家庭类废弃物 |

**图5　《废扫法》的分类结果**

图5所示的是《废扫法》的分类结果。至于一般废弃物，这里面又分成家庭类和企事业类。后者虽为经营活动中产生的废弃物，但未列入上述19种产业废弃物的范围，多称为企事业类一般废弃物（简称"企事业类一废"）。

| 企事业类废弃物 | | 家庭类废弃物 |
|---|---|---|
| 产业废弃物<br>2195万吨 | 企事业类一般废弃物<br>329万吨 | 179万吨 |
| （东京都）<br>1987年 | （东京都）<br>1989年 | |

**图6　《东京都清扫条例》的分类结果**

31

（注：图5和图6数据均为近期调查结果，但年份不同。）

地方政府制定的清扫条例采用的分类方法通常与《废扫法》保持一致。然而如图6所示，东京都在分类标准上加以创新，在不违反《废扫法》基本精神的前提下，进一步细化企事业类废弃物与家庭类废弃物的区分。

**处理企事业类垃圾的责任**
——《废扫法》明确提出一个重要原则是，企事业单位也是处理产业废弃物以外的"企事业类一废"的第一责任人，无论是否属于产业废弃物，企事业单位都必须承担处理责任。

根据《废扫法》的基本原则，对于企事业类废弃物，无论是否属于产业废弃物，企事业单位都"必须主动承担妥善处理垃圾的责任"（第三条第1项）。尤其是对于产业废弃物，《废扫法》明文规定企事业单位负有自行处理的责任，"必须主动进行处理"（第十条第1项）。需再次指出，《废扫法》明确提出了一个重要原则，即企事业单位也是处理产业废弃物以外的"企事业类一废"的第一责任人。无论是否属于产业废弃物，企事业单位都必须承担处理责任。从这个原则出发，东京都制定的《清扫条例》将"企事业类一废"与家庭垃圾截然分开，将前者与产业废弃物相提并论，纳入"企事业类一废"，这种做法值得关注。

另外，在对待一般废弃物的问题上普遍存在一种倾向，即处理"企事业类一废"的责任不仅限于企事业单位，也应该包括市町村的行政当局。然而，这种观点未必正确。尽管市町村在处理一般废弃物上确实应该制订相应的处理计划（第六条第1项），并且按计划对一般废弃物进行收集、转运和处理（该条第2项），但并不是要求市町村必须处理所有的一般废弃物。作为地方政府，对于"企事业类一废"中应由企事业单位负责处理的垃圾，只需将其列入计划，不必背起处理所有一般废弃物的沉重包袱。

不仅是企事业类垃圾，家庭类废弃物似乎也应本着这个原则进行处理。从环境、成本或者资源的角度来看，生产厂家交到消费者手中的那些使用后难以回收处理的产品（包括包装和容器），地方政府有权在计划中列入对相关企事业单位采取的特殊应对措施。

**处理计划与处理责任**
**——"处理计划"不一定等于"处理责任"，只是面对一部分"企事业类一废"以及虽属于家庭类垃圾却难以处理的废弃物，地方政府不得不出面收集处理。**

这里需要强调一下，政府部门的垃圾"处理计划"不一定等于"处理责任"。然而，面对一部分"企事业类一废"以及虽属于家庭类垃圾却难以处理的废弃物，地方政府之所以不得不出面收集处理，主要是因为受到以下因素的影响。

首先是如何问责。《废扫法》中虽然有"企事业单位负责处理的原则＝污染者负担的原则（PPP）"的问责规定，但是，彻底追究企事业单位责任的执法机制软弱无力，法律也没有赋予地方政府以有效的处罚权。其次，由于相对独立的地方政府在行政范围上存在一定的局限性，对外部企业及同行业行使权力的时候往往力不从心，障碍重重。

但是，即使在这种不利的情况下，每当遇有特定的疑难垃圾时，对待企事业单位垃圾自不待言，地方政府对这类家庭垃圾的处理也有权拒绝处理或提出附加条件。问题在于采取什么标准、将何种废弃物指定为疑难垃圾。因为这种问题总是出现，其界定难度往往超乎人们的想象。

还有一种做法，市町村可以将家庭垃圾与企事业类垃圾合并处理，家庭垃圾和"企事业类一废"合并处理后，统称为"合并一废"，同样条件下合并的产业废弃物统称为"合并产废"。但是，按照《废扫法》的相关规定，对于各个市町村来说，这种合并处理的方法只能在不影响处理家庭垃圾的原则下"可以进行"，并非硬性规定。现实中被市町村视为"合并产废"的收集处理量极少，而问题往往出现在"企事业类一废"上。在这个问题上，有不少市町村受到来自各方面的制约，在超过现有处理能力的情况下勉强接受，东京便是其中最为典型的一例，具体情况将在下文中加以论述。其实，东京的垃圾问题就是在与"企事业类一废"的反复纠缠中发生的，这样说并不为过。

## 2 垃圾剧增的现状与应对机制

### 大城市垃圾剧增

——1983年至1988年的5年间，垃圾出现猛增的势头。全国垃圾的年均增长率为13%，11个大城市的增长率达23%，接近全国平均值的两倍。

如上所述，我们对有关垃圾处理的法律法规有所了解之后，再来看看近期出现在城市、尤其是大城市里垃圾剧增的现状及其应对机制。

上一章的最后部分已经涉及东京垃圾的增长问题，而这个趋势普遍出现在城市尤其是大城市里。第一次石油危机给经济高速增长中的垃圾高速增长画了一个休止符。昭和时期的50年代（1975年至1984年），垃圾数量基本处于平稳或者略有增加的状态，但是到了昭和60年（1985年）以后立刻出现猛增的势头。1983年至1988年的5年间，全国垃圾的年均增长率为13%，11个大城市（包括东京都市区和10个政令指定城市）的增长率达23%，接近全国平均值的两倍（图7）。同时，1988年全国的垃圾（一般废弃物）总量约为4,800万吨，相当于125—130个东京巨蛋棒球场的容量。

### 企事业类垃圾急速增加

——1989年度以前的四年间，东京"免费收集"的企事业类垃圾增长率为25.0%，几乎与家庭垃圾同量。如此庞大的企

**事业类垃圾享受政府的无偿服务，这里面肯定是有问题的。**

　　如此说来，目前垃圾问题的特征之一是垃圾骤增明显集中在大城市里。其原因在于与家庭垃圾相比，企事业类垃圾增速更为迅猛。1985年至1989年，东京家庭垃圾收集量的平均增长率为3.4%，而企事业类垃圾的平均增长率是其4倍的12.2%。大阪市的情况虽然略微好些，但是在1988年度以前的三年里，平均增长率也达到了8.4%，创下两倍于家庭垃圾4.4%的历史纪录。难怪大阪市立大学的本多淳裕教授惊呼："垃圾增量的元凶非'企事业类一废'莫属！"

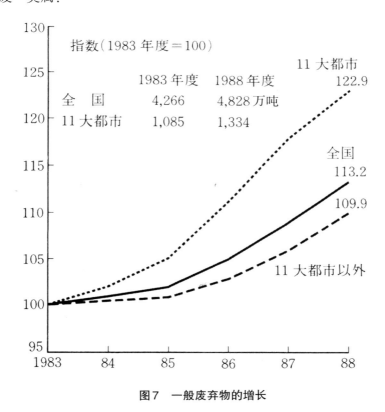

图7　一般废弃物的增长

现在让我们按照图8所示的结果观察一下东京的现状。东京都政府一如既往地以"合并一废"的形式处理"企事业类一废",即图中的斜线部分。其中增长最为迅猛的是企事业单位的"自送垃圾"——由企事业单位自行或者委托垃圾商(每千克支付9.5日元的运费)将垃圾直接送到政府的垃圾处理工厂或填埋场。这部分垃圾在1984年度为71万吨,占政府处理垃圾总量的18.9%。到了1989年度,这部分垃圾几乎翻了一番,猛增到139万吨,占到东京全部垃圾的27.6%。

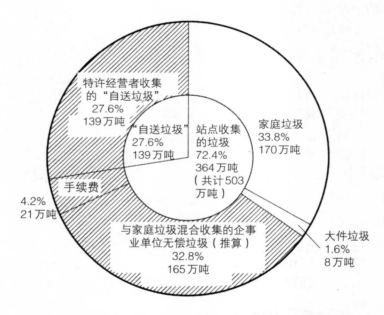

**图8 垃圾处理量的明细(东京市区、1989年的统计结果)**

"自送垃圾"中包括从1989年开始列为产业废弃物的木屑(估算为13万吨)。数据来源:东京都环卫局。

此外,还有一部分额外享受"免费收集"待遇的垃圾,这就是与家庭垃圾混在一起,由政府无偿提供服务的企事业类垃圾。按照东京都最新修改的收费标准,无论是企事业类还是家庭类垃坂，同一地点的日垃圾量超过10千克者，或者一次产出的垃圾超过200千克者，每千克应缴纳22.5日元（1990年9月以前为19日元）的手续费。未超过这个定量的企事业类垃圾则是"定点收集"的对象，由环卫局免费收集，而这类垃圾也在增加。1989年度以前的四年间，"免费收集"的企事业类垃圾增长率为25.0%，几乎达到与家庭垃圾同量的程度。如此庞大的企事业类垃圾享受东京都政府的无偿服务，这里面肯定是有问题的。

再就是"收费垃圾"，同为"定点收集"的垃圾，但属于政府有偿收集的企事业类垃圾。目前的收费标准如上所述，每千克22.5日元。"收费垃圾"占到政府处理垃圾总量的4%，这个比率在四年前是6%。减少的原因首先是，眼下即便是收费，东京都政府也没有精力继续扩大为企事业类垃圾所提供的服务，其次是因为大部分垃圾处理企业的收费额低于政府标准，促使大量的企事业类垃圾向"自送垃圾"分流。

**企事业类垃圾的组成**
**——导致企事业类垃圾骤增的首要原因是不断淘汰的电脑等现代办公设备及其产生的废纸等，其次是食堂、餐馆、超市、歌舞厅等饮食娱乐场所排放的湿垃圾。**

那么，导致企事业类垃圾骤增的首要原因究竟是什么呢？是与日俱增的废纸。有人证实，所增加的事业类垃圾多半为"自送垃圾"，而且垃圾的大部分又是废纸。试看图9，东京都政府目前处理的企事业类垃圾中纸类垃圾甚至已经占到一半，所以才有人喊出"纸张们发怒了"、"从纸张做起"之类的口号。

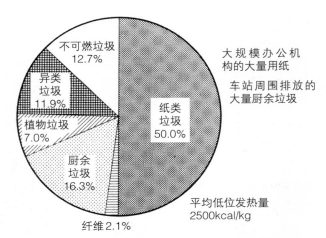

**图9　东京都政府负责处理的企事业垃圾的组成**

摘自东京都环卫局《企事业类一般废弃物现状调查概要》1990年版

　　再看废纸的组成，除了过去就有的报刊杂志、废纸箱之外，近几年大量增加的新面孔是复印机、电脑、传真机等办公用品所产生的废纸。

　　仅次于废纸的企事业类垃圾是厨余垃圾，来自食堂、饭馆、超市、百货店、快餐店、酒吧、舞厅及食品店等，厨余垃圾增多也与人们生活方式改变和餐饮业发达有直接关系。此外，"企事业类一废"中还含有许多不可燃或者不宜焚烧的废品。原因之一是金属、塑料以及玻璃等材质的办公设备频于更新换代。

**楼宇废弃物**

**——这里所说的楼宇指的是写字楼、综合楼、政府办公楼、商业大厦、超市等，而名义上是写字楼，却被餐厅和饮食店长期租用的楼宇也不在少数。**

　　企事业类一般废弃物多从楼宇中排出，因此，"企事业类一废"的问题也是楼宇垃圾问题。为了掌握楼宇废弃物（楼宇垃圾）的具体情况，我走访了民营垃圾处理的A公司。这里所说的楼宇指的是写字楼、综合楼、政府办公楼、商业大厦、超市以及企事业单位用于经营活动的各类建筑，不包括普通人居住的单元楼和公寓等社区住宅、排放产业废弃物的工厂等。A公司是东京处理一般废弃物的特许经营单位，已经成立20年，现有用于收集垃圾的卡车30余辆，是东京都内规模最大的垃圾特许经营单位。

A公司1988年度经手的楼宇废弃物是3.42万吨，1989年度约3.67万吨，由此可见其处理量也在逐年上升，等于每天承揽的楼宇废弃物达100吨（收费标准不超过目前东京都规定的每千克22.5日元）。其数量之多，足以抵得上10万级人口的城市一天的垃圾处理量。

进一步详细了解A公司1989年楼宇垃圾处理的成绩，结果如下：

收集转运量：3.665万吨

其中：

运至垃圾填埋场　　　　　　　　1.4084万吨

运至垃圾焚烧设施　　　　　　　0.6970万吨

回收利用　　　　　　　　　　　1.5649万吨

如图8所示，A公司经手的楼宇垃圾除去可回收利用部分，可以全部列入"自送垃圾"的统计范围。可回收利用的对象几乎被废纸所占，如果说还有其他可回收利用的废品，那也只有少量的废铁了。

其余的楼宇废弃物包括不可回收的废纸类、剩茶、剩菜、剩饭等湿垃圾，以及被淘汰的办公设备等废品。然而，名义上是写字楼，却被餐厅和饮食店租用的楼宇也不在少数。这里产生的大量厨余垃圾，时至今日也很少有人作为饲料和肥料进行回收。

A公司进一步介绍说，在办公设备方面，电子办公系统的配套设备型号稍微落后一点，或有更先进的设备上市，老设备就立刻遭到淘汰和抛弃，而且这种喜新厌旧的现象最近愈演愈烈。再就是因为在纳税时一定数量内的办公设备也许能够按固定资产折旧费冲抵。另外，高价租来的楼堂馆所理应充分彰显其使用效应，故而推动桌椅、文件柜以及其他办公设备的更新换代明显加快。

总而言之，上述未经回收利用而被当作垃圾直接处理的废纸、湿垃圾以及其他废弃物，几乎全部转运到东京都的垃圾处理工厂或填埋场。正如上文所述，尽管东京都政府已经把这部分企事业类垃圾列为"自送垃圾"，可是近几年其增长势头依然不减。

### 列车垃圾的去向

**——列车垃圾连同站台垃圾被送进铁道公司专用的垃圾处理场，筛分为不可燃和可燃垃圾。其中可回收利用的只有铝制易拉罐，目前每天约有200千克。**

说到企事业类一般废弃物，占大头的自然是楼宇垃圾，而那些"另类垃圾"也不可小觑。例如列车垃圾和车站垃圾，这方面的情况又如何呢？

新干线列车抵达东京后，车上的垃圾由JR（日本铁道公司）委托的特许经营者负责收集。列车垃圾连同站台垃圾一律转运到东京都品川区大井町野鸟公园附近的垃圾处理场。这个处理场由JR东海公司指定的承包者负责运作。运进的新干线垃圾装到传送带上，经磁选机或手工挑拣，筛分出铝制的和不锈钢的易拉罐、废瓶子、废塑料等不可燃垃圾和可燃垃圾。其中可回收利用的部分只有铝制易拉罐，目前每天约有200千克。煞费苦心筛分出来的废瓶子和不锈钢易拉罐，却与其他不可燃和不宜焚烧的垃圾一起转运到东京都的垃圾填埋场。而那些可燃垃圾被装进处理场内的焚烧炉内烧掉。该焚烧炉每天运转16个小时，最大焚烧量为40吨。焚烧后的残渣也被运往垃圾填埋场。

如此说来，列车和车站垃圾属于"自送垃圾"，被运到东京都的垃圾处理设施。其中的餐盒、易拉罐等显然是企事业类垃圾，在"自送"之前主动筛分为可燃垃圾和不可燃垃圾，主动回收铝制易拉罐，同时又将可燃垃圾进行焚烧处理，JR付出的努力还是可圈可点的。据说这些"自送垃圾"的数量因季节变化有增有减，日均25吨，与从前相比，易拉罐和废纸盒不断增加，正在逐渐取代废瓶子之类的废品。据处理厂方面说，来自新干线的废瓶子、易拉罐等，夏季是冬季的3倍，到了放长假和回乡探亲的旺季时垃圾量就会成倍增长，送来的垃圾里甚至有服装、鞋袜、磁带、高尔夫用具以及婚纱等。该处理场有正式职工15人，加上临时工也不过25人，人手不够，笔者参观时也看到有两个外国人在这里打工。

## 3　家庭垃圾的产生和排放

家庭垃圾占35%

——1920年，东京每天的人均垃圾量仅为341.25克，而七十年以后的人均垃圾量，仅"定点收集"的垃圾量就已经是当年的3.5倍，达到1200克。

我敢说，造成当前垃圾骤增局面的元凶肯定是企事业类垃圾，而不是家庭垃圾。但是，这决不意味着我们可以给后者挂上免罪牌。诚然，在东京都政府负责处理的一般废弃物中大约有65%是企事业类垃圾，而家庭类废弃物只不过是余下的35%，这个比率确实令人吃惊，人们必须进一步警惕企事业类垃圾的增长。然而，我们对家庭垃圾产生问题的严重性也不能掉以轻心。尽管其严重程度不能与企事业类垃圾同日而语，但是在最近几年里，家庭垃圾也同样处于有增无减的状态，同时不可忽视的还有其质变的一面。

如果说准确掌握家庭垃圾的量并不容易，大家也许稍感意外。当然，所有的市町村都有垃圾收集记录，用收集对象的人数除一下，便可得出人均垃圾的排放量。东京都环卫局在《环卫事业的历史》中回顾历史状况时，披露了按照上述方法统计出来的人均垃圾量的历史变迁。1920年（大正9年）每天的人均垃圾量仅为341.25克（收集对象共有109万5999人，日平均排放量为17万4478贯，约合65.69万吨）。而七十年以后东京的人均垃圾量，仅定点收集的垃圾排放量就已经是当年的3.5倍，达到1200克左右。

不过，我们对大正时期的具体情况不够了解，如图8所示，目前东京都无偿定点收集的垃圾约有一半来自企事业单位，并非家庭。由此看来，等于其中有半数是企事业类垃圾。另外，家庭类垃圾和企事业类垃圾在"定点收集"的垃圾中所占的比例也只是推测而已，并不准确。因为在所有城市里，除了采取特殊措施专门收集企事业类垃圾之外，家庭垃圾和企事业类垃圾都是用同一辆垃圾车收集转运，所以无法准确掌握各自的具体数量。换个说法，比如一家小商店，既排放纸箱等企事业类垃圾，又排放经营这家商店的业主在日常生活中产生的家庭垃圾，两者混在一起送到垃圾站，被同一辆垃圾车收走，人们对这种做法已经习以为常。除非为了统计事先对这两类垃圾有意识地加以区分，否则，无法得知它们各自的重量。

**人均日垃圾排放量**
**——尚未定性的所谓垃圾，其产生量不等于垃圾收集量。因为有的垃圾已经被家庭自行处理，比如在庭院里焚烧或填埋，有的用来交换草纸或被集体回收等。**
但是，从上次"垃圾战争"发生的时候起，有人开始关注并且力争准确掌握家庭垃圾的量和质，笔者也参加过相关的调查活动。1975年，町田市环境部开展的"创建美好家园"就是其中一项试验活动。他们在市内121户家庭的配合下，开展了为期1个月（8月25日至9月24日）的家庭垃圾分类计量调查。查看表3便可得知，人均日垃圾量只不过为535克。不过，这个时候把家庭内部产生的这些废弃物称为垃圾还为时过早。因为有的废弃物已经被家庭自行处理，比如在庭院里焚烧或填埋，用来交换的草纸或废品被集体回收，酒瓶被烟酒店回收等，多种渠道并存。这些通过固定渠道回收利用的废品自然无须政府出面收集。以铝制易拉罐为例，如果送到垃圾点的话立刻变成垃圾。如果按废品回收，易拉罐就不再是垃圾，摇身变成了资源。

**表3　每日人均垃圾的产生量与收集量**

| 类别 | 每日人均<br>产生量g | 成分<br>比率% | 每日人均<br>收集量g | 垃圾收集<br>比率% |
|---|---|---|---|---|
| 湿垃圾 | 256 | 47.9 | 155.4 | 60.7 |
| 混合垃圾（1） | 81 | 15.1 | 37.3 | 46.1 |
| 混合垃圾（2） | 30 | 5.6 | 23.0 | 76.7 |
| 纸类 | 94 | 17.6 | 9.7 | 10.6 |
| 玻璃、空瓶类 | 42 | 7.8 | 29.2 | 69.5 |
| 纤维类 | 16 | 3.0 | 5.4 | 33.7 |
| 金属类 | 16 | 3.0 | 11.2 | 70.0 |
| 计 | 535 | 100.0 | 271.2 | 50.3 |

·混合垃圾（1）草纸、一次性筷子、烟蒂、复写纸、软木塞、纸袋、竹签、奶瓶盖等。

·混合垃圾（2）塑料、泡沫塑料、橡胶、贝壳、皮革、陶器、地毯等。

·纸类、报纸、杂志、广告传单、包装纸、纸箱、服装盒、鞋盒等可重复利用的纸制品。

·大件垃圾除外。

引自《建设美好家园实验活动》1975年8月25日至9月24日

　　由此看来，垃圾在尚未定性时，其产生量不等于收集量。这种情况在町田市开展的调查活动中也得到证实，家庭内部产生的各种垃圾最后有不少被自行处理，或者通过有关渠道作为废品得到回收，其结果如表3所示，市政府的垃圾收集量远低于产生量，还不到全部产生量的50%，平均到每人身上约为270克。

表4　家庭人均垃圾排放量的变化（东京市区）

| 年度 | 人均日排放量（g） | 指数 |
| --- | --- | --- |
| 1980 | 446.2 | 100.0 |
| 1981 | 447.2 | 100.2 |
| 1982 | 474.9 | 106.4 |
| 1983 | 475.7 | 106.6 |
| 1984 | — | — |
| 1985 | 493.1 | 110.5 |
| 1986 | 521.4 | 116.9 |
| 1987 | 487.7 | 109.3 |
| 1988 | 509.7 | 114.2 |
| 1989 | 566.1 | 126.9 |

出处:《关于家庭废弃物产出状况的调查》各年度（东京都环卫局）

　　关于这一点，我们再来看看东京，人均日垃圾排放量是1228克（1988年），竟然超出町田市1千克之多。这个数据足以证明东京的人均日垃圾排出量已经突破1千克大关。1990年东京晴海举办"地球日"活动，其宣传单上也印有"现在，一个日本人每天的垃圾排放量约有1千克"的内容。

　　数据准确无误，但其中混有企事业类垃圾。那么，纯家庭垃圾每人每天产生多少呢？东京1980年度的统计是446克，1989年度是566克（环卫局调查），这9年间的增长率为26.9%，年均增长率不到3%（表4）。

　　我们再通过另外一组数据观察全国各都道府县的人均日垃圾排放量（表5）。1988年超过1千克的都道府县有东京都、大阪府、北海道，而全国47个都道府县的平均数为889克。如果参照东京的实际情况，这个数字里肯定含有大量的企事业类垃圾。

第二章 垃圾增长的原因

表5 日人均垃圾排放量（g）

| | | | | |
|---|---|---|---|---|
| 东　京 | 1228 | | 冈　山 | 804 |
| 大　阪 | 1215 | | 鹿儿岛 | 802 |
| 北海道 | 1014 | | 山　口 | 801 |
| 神奈川 | 955 | | 奈　良 | 799 |
| 鸟　取 | 921 | | 高　知 | 793 |
| 石　川 | 914 | | 长　野 | 790 |
| 兵　库 | 892 | | 茨　城 | 784 |
| 新　潟 | 887 | | 宫　崎 | 781 |
| 青　森 | 879 | | 宫　城 | 771 |
| 京　都 | 867 | | 静　冈 | 771 |
| 长　崎 | 864 | | 埼　玉 | 745 |
| 富　山 | 861 | | 岛　根 | 736 |
| 爱　知 | 853 | | 香　川 | 736 |
| 德　岛 | 839 | | 福　岛 | 734 |
| 和歌山 | 835 | | 广　岛 | 729 |
| 福　冈 | 834 | | 岩　手 | 727 |
| 三　重 | 829 | | 大　分 | 711 |
| 爱　媛 | 828 | | 岐　阜 | 710 |
| 栃　木 | 826 | | 山　梨 | 707 |
| 冲　绳 | 821 | | 滋　贺 | 651 |
| 秋　田 | 819 | | 熊　本 | 650 |
| 群　马 | 817 | | 山　形 | 626 |
| 千　叶 | 812 | | 佐　贺 | 584 |
| 福　井 | 806 | | | |

摘自《月刊消费者》1990年4月刊

　　尽管这里统称为人均日垃圾排放量，但因各地政府的统计方法不统一，仍然难以进行准确的横向比较。如山形县626克，佐贺县584克，是全国最少的地区，约为东京和大阪的一半，人们还可以接受。但是，鸟取县以921克排名第五，石川县以914克排名第六，这就有点令人费解了。

**目黑区的家庭垃圾调查**
**——若想掌握纯家庭垃圾的产生量及排放量，只能入户调查，称重计量。**

若想知道纯家庭垃圾的产生量及排放量，也只能仿照町田市的做法入户调查，称重计量。采取这种办法的最新范例出现在东京的目黑区。如同我在第三章里将要讲到的那样，该区对垃圾回收利用方面的态度格外积极，而且措施得力。其中有一环是在居民的配合下进行计量调查。从全区的政府监督员和消费者监督员中抽选227个家庭，以一个月为限（1986年9—10月），将家庭内每天产生的垃圾分成14类，逐一称重计量，同时记录各种垃圾的处理方式。

表6　纯家庭垃圾的产生量（目黑区）

| 湿垃圾 | 241.1g | 35.5% |
|---|---|---|
| 废纸、木屑 | 119.4g | 17.6% |
| 塑料类 | 41.8g | 6.1% |
| 尿不湿 | 6.5g | 1.0% |
| 旧报纸 | 131.5g | 19.3% |
| 纤维类 | 26.4g | 3.9% |
| 瓶子、玻璃 | 96.8g | 14.2% |
| 金属类 | 8.8g | 1.3% |
| 可填埋垃圾 | 5.7g | 0.8% |
| 废食用油 | 1.9g | 0.3% |
| 合计 | 679.9g | 100.0% |

注：大件垃圾、含有害物垃圾除外

其结果如表6所示，人均日垃圾产生量约为680克，远低于1千克的排放量。再看其组成，符合家庭垃圾性质的首先是厨余垃圾居多，其次是废纸和废纸木屑等，加在一起几乎与湿垃圾重量相同。

然而，这些产生于家庭内部的垃圾并没有全部交到政府的垃圾收集站，以町田市为例，产生量的一半被自行处理或者作为废品回收利用，市里无偿收集的只不过是剩下的另一半。在这一点上，目黑区的家庭虽然没有达到这种水平，但是，东京无偿收集的垃圾日人均454克，也仅占产生量的66.7%，剩下33.3%的家庭垃圾或被自行处理，或被当地回收利用。只是自家处理率仅为1.6%，可忽略不计。与町田市相比，目黑区的城市化建设发展较快，几乎见不到农田和空地，故而有条件在家里焚烧废纸木屑或填埋厨余垃圾的家庭寥寥无几。

# 4　行政服务和企事业责任

### 工会组织提出的问题

**——大量企事业类垃圾的处理仍为政府服务的对象。人们不禁要问，行政服务与垃圾处理、尤其是企事业单位的责任，是否应该重新界定。**

那么，目前企事业类垃圾仍然呈增加势头，而且大量企事业类垃圾的收集处理仍为地方政府服务的对象。面对这种现状，人们不得不提出这么一个问题：行政服务与垃圾处理、尤其是企事业单位的责任，是否需要重新界定。

关于这一点，笔者曾经在大阪府丰中·伊丹地区文秘协会业务进修的活动现场遇到过一个耐人寻味的问题，进修活动是协会职员的工会组织举办的。活动中，工会主席对于有关部门酝酿在该文秘协会内增设垃圾焚烧炉一事采取"不能放手不管，听之任之"的态度，他还认为，这件事的起因与处理企事业类垃圾有关。他说：

我们通过这件事情了解到，最近增加的垃圾有86.5%属于企事业类垃圾，与此同时，一般家庭响应政府号召，踊跃参加垃圾分类活动，可燃垃圾正在减少。这种情况无非说明垃圾的减量和资源化活动对企事业类垃圾的减量毫无作用。

我们可以探讨如何提高焚烧炉的处理能力，更应该在全市范围内广泛开展垃圾减量和资源化活动，企事业单位、居民和行政部门都应该为此而付出努力。行政部门总是认为废弃物问题只牵扯到设施周围的居民，一味地笼络人心。长此以往，当局对废弃物的行政管理将难以维系。（摘自研修材料）

对"及时、无偿"的质疑
——"及时、干净、无偿、规范"这个口号是环卫事业落后的时代产物。虽然具有充分的历史意义，但是时过境迁，垃圾问题的情况已经发生明显的变化。

工会主席的一席话值得我们注意，在一线工作的清洁工已经发现企事业类垃圾确实存在的问题。更值得深思的是这个发言表明"自治劳"（全日本地方政府职员工会）在对垃圾问题的认识正在发生变化。

在此需要补充一句，"自治劳"经常举办地方自治研修活动，组织地方政府职员中的工会会员学习实践地方政府的工作内容。城市清洁卫生也是研修活动的重要内容之一，在垃圾收集上，工会曾经提出了"及时、干净、无偿、规范"的口号。

然而在这次进修活动中，工会主席以及作为嘉宾到场的地方政府干部虽然充分肯定了这个已经提出二十多年的口号的存在价值，但同时也提出今后"是否应当踏上一个新的台阶"。具体说来，所谓"及时"恐怕仅仅是为了满足居民"让垃圾尽快从眼前消失"的愿望，唯恐让垃圾的存在破坏居民的心情。但是从今以后，我们所有人对垃圾不应该采取回避态度，必须坦然面对，向垃圾挑战。从这个意义上讲，所谓"及时"的表述就不够恰当了。更严重的问题是"无偿"的做法，有人质疑，目前仅焚烧一项，每吨成本已经高达1万日元，所谓"无偿"，从何谈起。处理垃圾决不是"无偿"的，只是因为免费处理的那部分垃圾靠的是政府财政补贴。进而言之，企事业类垃圾像如今这种速度增长的话，垃圾收集的行政服务越是周到，受益越多的越是企事业单位，而不是普通居民。

诚然，"及时、干净、无偿、规范"这个口号是环卫事业落后的时代产物，目的在于提高现代化水平和居民服务质量。虽然它的存在具有充分的历史意义，发挥过重要作用，但是时过境迁，在环卫事业迅速发展的今天，垃圾问题的情况也发生了明显的变化。

**企事业单位处理大件垃圾的责任**
**——收集大件垃圾的行政服务，其直接受益者与其说是居民，不如说是惯于"搭便车"的生产厂家。从谁受益，谁担责的原则出发，我们不得不承认这里存在明显的漏洞。**

现如今，我们面临的一个重要课题就是重新研究企事业类垃圾与行政服务的关系。但是，说起企事业单位应负的责任，所针对的不只是企事业垃圾，也与家庭垃圾密切相关。

举个例子，东京都政府负责收集的大件垃圾采取的是预约制（电话预约、上门收集），在1990年10月以前，一次200千克以下的大件垃圾免费收集，其超出部分，每千克收取19日元的手续费。于是，东京都政府出面收集大件垃圾的行动在服务居民方面一度处于全国最佳水平。

然而最近，随着废弃的电视机、冰箱、洗衣机和煤气灶具等废品的资源性价值走低，处理成本上升，家电行业不愿意采取上门回收或者以旧换新的营销方式，商家们纷纷建议用户把这些大件垃圾交给东京都政府处理，并且明确告诉用户，政府免费收集，请和政府直接联系。到后来大件垃圾越来越多，1988年，东京都收集的大件垃圾已达260万件，如果1985年的收集指数为100，等于猛增到129。

在这种情况下，收集大件垃圾的行政服务，其直接受益者与其说是居民，不如说是善于"搭便车"的家电等行业，从谁受益、谁担责的原则出发，我们不得不承认这里存在明显的漏洞。

顺便指出，东京都政府处理大件垃圾的成本大约是家庭普通垃圾的3倍，每千克达113日元，1次超过200千克的大件垃圾，其超出部分每千克只收取19日元的处理费，仅占处理成本的15%。这种情况一直持续到1990年6月东京都清扫条例的修改。修改后的条例取消了200千克以下免费的规定，并规定按类定价，一目了然。例如暖炉400日元/个、组合音响1000日元/套、棉被200日元/床等。即便按照新的收费标准，大件垃圾处理费的60%—70%仍由行政方面补贴，最终由纳税人埋单。

不过，论起企事业单位向家庭垃圾推脱责任的表现，大件垃圾还不算最差的情况。对于那些性质更为恶劣的一次性商品、一次性包装或者不宜处理的疑难废弃物，那些经营者们一向认为法律上有规定，"家庭垃圾乃至一般废弃物的处理责任在于地方政府"，所以，他们对上述废弃物的处理几乎不负任何直接的责任。

虽说"家庭垃圾的处理责任在市町村"，但是如果不从根本上对导致家庭垃圾增量和质变的管理机制、对造成这种结果的企业或产业界的责任动一番手术，只是空喊地方政府负有处理的责任，标榜服务于民的固有观念，将直接严重妨碍我们在垃圾问题上形成一整套理想的对策。

对于这类问题，将在下一节里以塑料瓶为例进一步深入探讨。

## 5  塑料容器的功效与副作用

### 受益者与受害者

——垃圾处理成本和环境恶化也将拐弯抹角地反馈到商品受益者的身上，但是深受其害者是清洁工和居民，所以不能肯定"受益者"和"受害者"同为一人。

最近，一个关于药品副作用的讲座令笔者颇感兴趣。凡是药品或多或少都有毒素，所以药品常伴有副作用出现。然而讲座中说:"明知有毒还要坚持服药,这是因为医生判断其药物治疗的功效超过其副作用。反之则不该服用。"

试想,所谓垃圾问题,可以说便是各种商品的"副作用"。畅销的商品肯定具有值得买主购买的功效。但是,观其废弃后的表现,完全没有副作用的商品恐怕世间难寻,至少在废品的处理上也需要一定的投入。这种投入不只是处理垃圾时的费用开支,还应该把加重环境负担的成本也计算在内。

药品尚且如此,商品就更不应该因其副作用的存在而禁卖、禁买、禁用。问题是如果遇到那些副作用强,甚至于副作用的危害超过其使用功效的商品时,我们该怎么办。换成药品,几乎所有的人都会弃之不用。但是在对待药品以外的大多数商品上,人们未必做得到。

这里还包括另外一层意思,服用药物的情况下,受其功效之受益者和受其副作用之受害者同为一人。但是,药品的这种属性却不能反映到其他商品身上。垃圾处理成本的增加和环境恶化的代价(副作用)将拐弯抹角、或多或少地反馈到商品享用者的身上,但是,深受其害的是政府环卫部门,以及因垃圾问题而苦不堪言的居民。从这个意义出发,我们不能肯定"受益者"和"受害者"同为一人。


**塑料容器的优点**
**——企业的逻辑是满足消费者的多种需求。容器的造型、便携、美观等消费者的感性因素开始左右产品的销量。**

产品(含容器)既有其功效的一面,又有其沦为垃圾后需要处理的副作用,而围绕这两者之间的关系,最近垃圾问题又激起一层新的波纹——PET容器问题。

这里所说的"PET"并非指生活中动物宠物的"Pet",而是指Polyethylene Terephthalate(聚对苯二甲酸乙二醇脂),塑料的一种。PET塑料瓶的推广使用始于美国,早在1980年就已经有了年产20亿瓶的辉煌业绩,其中2升的大塑料瓶占50%以上。这种塑料瓶不存在玻璃瓶固有的易碎问题，使用安全，分量轻，便于携带，而且塑料容器本身还具有阻气性强的优点，备受人们欢迎。

在日本，食品卫生法曾经规定禁止使用 Polyethylene（聚乙烯）以外的塑料容器，但是这项法规在1982年做了修改，现如今PET塑料容器已经广泛用做1升以上的大瓶碳酸饮料以及各种液体食品和化妆品的容器。

表7　各种冷饮的容器生产量预测（1993年）

（单位：%，千kl）

| | 碳酸饮料 | | 果汁饮料 | |
|---|---|---|---|---|
| | 市场份额 | 数量 | 市场份额 | 数量 |
| 总　　量 | 100 | 2800 | 100 | 3000 |
| 可重复使用的容器（180—1,500ml） | 10 | 280 | — | |
| 可重复使用的容器（1,000—1,500ml） | 5 | 140 | * | — |
| 小　　计 | 15 | 420 | | |
| 一次性容器 | 10 | 280 | 15 | 450 |
| 易拉罐 | 45 | 1260 | 35 | 1050 |
| PET塑料瓶 | 30 | 840 | 20 | 600 |
| 纸盒及其他 | — | — | 30 | 900 |

\* 包括在一次性容器内

资料来源：PET塑料瓶协会

最近，包装行业跃跃欲试，准备向小型PET塑料容器挺进。企业的逻辑是满足消费者的多种需求。容器的造型、便携、美观等消费者的感性因素开始左右产品的销量。从这个角度观察，PET塑料瓶有以下几个优点：

· 透明亮丽的外观
· 化学性质的高度稳定性

· 重量轻

· 强度高

· 可焚烧处理，不产生有害气体

那么，PET塑料容器的普及在相关行业里有着怎样的发展前景呢?

首先是已经打入PET塑料容器市场并已经得到认可的大塑料瓶，其预测结果如表7所示，在碳酸饮料和果汁饮料中所占的市场份额分别达到30%和20%，与其相反，可重复使用的玻璃瓶装饮料的销售量一路走低。"纸盒和其他"容器因其材质不适，碳酸饮料拒绝采用。

其次如表8，假如对小型PET塑料瓶的市场准入近期解禁，同样也可以预测出1993年的普及程度。

一是在碳酸饮料方面试图推广的小型PET塑料瓶，目的在于取代一次性瓶装和罐装饮料，前者的市场份额目前只有2.9%，证明取代易拉罐的霸主地位并不容易。因为罐装饮料同样具有自己的优点。鉴于塑料瓶对易拉罐的代替率仅为2%，厂商便首先力争将塑料瓶取代玻璃瓶的比率提高到20%。

二是在瓶体的透明度上，较之碳酸饮料，塑料瓶体的包装效果对果汁饮料的促销更为有利。所以，小型PET塑料瓶的市场份额有可能因此而升至4.75%。在这种情况下，对玻璃瓶的代替率同样也能达到提高到20%的目标，对易拉罐的代替率也将达到5%的水平。至于"其他饮料"，比如咖啡、保健营养液等，因为此类加热后出售的饮料不适合使用PET塑料容器，其代替率也许将继续徘徊在1%左右。

表8　小型化PET塑料瓶生产数量预测（1993年）

| | 碳酸饮料 | 果汁饮料 | 其他饮料 | 合计 |
|---|---|---|---|---|
| 总量（千kl） | 2800 | 3000 | 4670 | 10470 |
| 小PET塑料瓶比率（%） | 2.9 | 4.75 | 1.0 | |
| 数量 | 81.2 | 142.5 | 46.7 | |
| 小PET塑料瓶平均容量（ml） | 400 | 400 | 400 | |
| 数量（千瓶） | 203000 | 356250 | 116750 | 676000 |
| 小PET塑料瓶平均树脂量（g） | 27 | 27 | 27 | |
| 树脂量（t） | 5481 | 9619 | 3152 | 18252 |
| 大PET塑料瓶比率（%） | 30 | 20 | 15 | |
| 数量（千kl） | 840 | 600 | 700 | |
| 平均容量（ml） | 1500 | 1500 | 1500 | |
| 瓶数（g） | 560000 | 400000 | 467000 | 1427000 |
| 树脂量（t） | 50 | 50 | 50 | |
| | 28000 | 20000 | 23400 | 71400 |

资料来源：PET塑料瓶协会

**业界的理由**

——PET树脂是由氢、碳和氧构成的，不产生有害气体，也不会出现因有害气体导致的炉内腐蚀，或者因高温损伤炉壁、炉床等情况。

如同上面所预测的那样，普及后的PET塑料瓶对垃圾问题将产生许多影响。让我们听一听来自业界的解释，基本概要总结如下：

（1）关于小PET塑料瓶的定位。如果今后一般废弃物的排放量以年均2%的速度继续增加的话，1993年其数量为5140万吨。参照这个速度，同年小PET塑料瓶的废弃量预测为1.83万吨，约占一般废弃物的0.04%。同时，假设废塑料的年均增长率为5%，1993年将达到352万吨，以此推算，小PET塑料瓶所占的比例为0.5%。

（2）如此说来，小PET塑料瓶在垃圾量和废塑料的预计占有率不仅微乎其微，而且更引人关注的是其主要目标是代替一次性容器。因此，小PET塑料瓶的推广可以使垃圾大幅度减量，在容积和体积上也几乎不会给垃圾量带来不良影响。

（3）小PET塑料瓶在收集和运输效率上也有优势，一方面其重量甚至可以忽略不计，另一方面对取决于体积的运输效率来说，其影响程度也只有1%。

（4）关于焚烧处理。PET树脂是由氢、碳和氧构成的，不产生有害气体。氮氧化合物的发生量几乎不会给大气造成任何影响，不会出现因有害气体导致的炉内腐蚀，因高温造成的炉壁和炉床损伤等情况。

（5）关于对垃圾填埋场的影响。在量的方面，由于小PET塑料瓶取代的是玻璃瓶等容器，这样在填埋效果上几乎不存在问题，只要不是一次性大量填入，不会给填埋后的地基稳定性带来恶劣影响。

（6）关于乱丢垃圾问题。小PET塑料瓶是一次性使用的包装用品，有可能出现随便丢弃现象。碳酸饮料、果汁饮料及其他饮料都包括在内，1993年的预计产量为6.76亿瓶，相当于一次性容器生产总量40亿瓶的17%。只是丢弃室外的PET塑料瓶在自然条件下不易降解。

### PET塑料容器的副作用

**——无论其特性多么优良，也难以掩盖其不可重复使用、加重垃圾处理成本的重大缺陷，如能走上回收利用的正轨，其名声或许不亚于可重复使用的玻璃瓶。**

业界人士充分肯定了PET塑料容器的优点和功效，反过来又强调指出，它给垃圾处理带来的副作用也不必过分担心。所以，他们希望国家尽早解禁小型PET塑料容器的市场流通。但是，单凭业界方面的解释就能做到万无一失吗？回答是否定的。其理由如下：

# 垃圾与资源再生

（1）PET塑料容器主要是以代替玻璃瓶的名义开始推广的。在日本的许多地区，可重复使用的玻璃瓶不消说，甚至连一次性使用的空瓶，也已经通过民间和政府建立起了回收再利用的网络渠道。然而对PET塑料瓶的回收利用，目前尚无具体措施。业界人士也指出，焚烧后产生的余热可以利用，不失为实现垃圾资源化的途径之一。殊不知，经现有清洁工厂转换成热能的"垃圾燃料"，仅靠现在每日收集的垃圾就已经供大于求。

（2）正如上文所言，许多市町村为了将废弃的瓶罐回收利用，不辞辛苦，分类收集，并且建立起资源再生中心，遗憾的是PET塑料瓶尚未列为回收对象。这就意味着在资源再生方面目前毫无价值可言的PET塑料瓶一旦继续增加，所产生的负面影响不仅限于经济方面（玻璃瓶和易拉罐等有价物的减少导致营业额降低），还有参加资源再生活动的居民、废品回收站和政府职员，他们的士气将严重受挫。

（3）如业界所称，废塑料的数量正在以年均5%的势头递增。即使PET塑料瓶所占比重不高，且无大害，人们也不希望它成为推动焚烧量继续增加的又一要因。

（4）业界防止乱丢PET塑料瓶的宣传目前尚处于朦胧阶段，很不完善。在防止乱丢与回收系统尚未形成的情况下，小PET塑料瓶一旦投入使用，乱丢垃圾的问题将更加严重。

（5）业界常把满足消费者日益增长和多种多样的需求挂在嘴边上，但是，业界心目中的"消费者需求"颇有只顾业界自身利益的杜撰之嫌。从消费者的角度而言，他们一直是在被迫使用自己未必希望使用的一次性容器。许多有心的消费者着眼于环保和资源再生，希望使用自己理想中的商品和容器，他们所持的这种心情，后面的章节里也将有所论述。

（6）这些问题不仅是包装业界的问题，一般说来，业界所做的调查，从统计、计算到理论，纸上谈兵的味道过浓，脱离了消费者对垃圾问题的切身感受和处理现场的实情。例如，那些站在传送带前将瓶瓶罐罐筛分出来的残疾工人们，面对大兵压境般的无人回收的塑料瓶，他们的心情该有多么沮丧。

　　由上可知，PET塑料瓶无论其容器特性多么优良，也难以掩盖不可重复使用的重大缺陷，这种副作用造成的危害非同小可。与此相反，空瓶和易拉罐可以回收，尤其是在民间层面上，只要能够回收利用，无须政府出面动员，所以也没有给处理成本和填埋地点造成不良影响。相比之下，PET塑料瓶的回收几乎全部依靠地方政府的垃圾收集站点，大大加重垃圾的处理成本和填埋负担。只有让PET塑料瓶走上回收、重复利用的正轨，也许才能使其名声不亚于可重复使用的玻璃瓶。

　　正如下一章里将要论述的那样，我们必须承认，在人们努力探索未来垃圾减量、资源再生的种种方案之时，此类一次性容器的大量普及将让陷入困境的垃圾处理雪上加霜。按照法律上的垃圾分类标准，PET塑料瓶应归入一般废弃物，属于家庭类垃圾。正因为有了这个理由，各地政府本应在其收集和处理上无条件提供行政服务，可现在却显得心有余而力不足。

# 第三章　垃圾减量的可行性

正在调查楼宇废弃物的本书作者

# 1　企事业类垃圾的回收利用

削减垃圾10%的措施

——废弃物中有三分之二是企事业类垃圾，如果措施得力，垃圾量甚至有可能减半，问题是企事业单位究竟有多少诚意协助开展垃圾减量活动。

垃圾的增长势头可谓迅雷不及掩耳，需要支付的处理成本自然一路飙升，日复一日，垃圾处理终将面临无地可埋的严重局面。在这个过程中，我们应当采取怎样的应对措施呢？重要课题之一显然是如何让垃圾本身减量。

关于这一点，东京都环卫审议会于1990年11月提出垃圾减量的计划目标（图10）。1989年，东京都政府负责处理的一般废弃物（包括"定点收集"和"自送垃圾"）是490万吨，照这个趋势继续发展，6年后的1996年预测为615万吨。因此，审议会制订的目标是在这一年到来之前，将"定点收集"的垃圾量削减10%，"自送垃圾"减少22.5%。如果这个目标顺利实现，包括"定点收集"的垃圾在内，垃圾总量便可控制在532万吨以内。

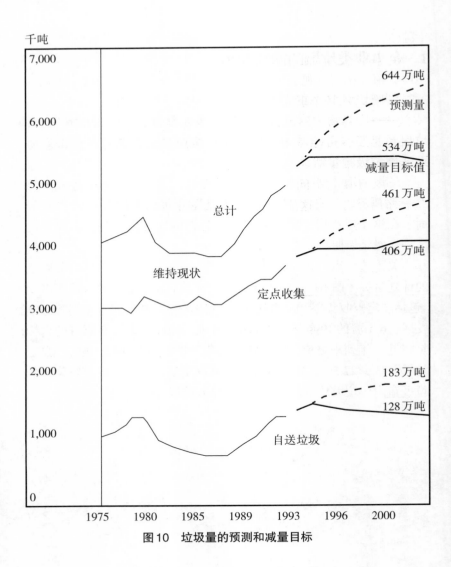

图10 垃圾量的预测和减量目标

　　看到目前东京所处的"垃圾紧急状态"，肯定会有人认为这个目标值不够严厉，但是若想彻底实现也未必轻松。因为东京都政府至今还没有打算把落实资源再生型垃圾分类收集方式作为保洁事业的一环，不得不将集体回收作为核心战略。1989年集体回收的业绩是8.46万吨，仅占东京都政府垃圾收集量365万吨的2.3%。如果努力向业绩突出的城市看齐，把这个比率提升到5%—10%，那就相当可观了。再者，由于东京都负责处理的一般废弃物中有三分之二是企事业类垃圾，如果不在这方面痛下决心，采取有效措施，垃圾量减量的可能性就会大打折扣。正如我们所看到的那样，"定点收集"的垃圾有一半是享受政府免费收集服务的企事业类垃圾，所以，这些排放者究竟有多少诚意协助开展垃圾减量活动，还要打个问号。还有我们将要论述到的"自送垃圾"多为楼宇废弃物，对这部分垃圾的控制也不容乐观。

### 表9 主要经营场所垃圾排放量的变迁

| 设施类别 | | | 3年期间增长率（%） |
|---|---|---|---|
| 写字楼 | 政府办公楼 | （11） | 3.78 |
| | 民营写字楼（财产保险、金融） | （13） | 17.54 |
| | 民营写字楼（财产保险、金融以外） | （35） | 9.69 |
| 商业楼宇（百货商店等） | | （11） | 2.68 |
| 饭店 | | （7） | 3.16 |
| 教育设施 | | （12） | 5.56 |
| 文化设施 | | （2） | 1.83 |
| 医院 | | （9） | 4.91 |
| 车站 | | （8） | 0.29 |
| 公园 | | （6） | 8.41 |

· 东京都环境治理公社调查

· 同一建筑内1985—1988年的3年增长率

· 设施类别栏（ ）内为样本数量

### 企事业类废纸的回收

**——对于垃圾收集者来说，废纸回收本身可以产生一定的经济效益，但是如果没有筛分和存放空间，就难以做成这笔生意。**

那么，在如何减少企事业类垃圾这个问题上，行动的重点是楼宇废弃物，尤其是废纸垃圾。如表9所示，现如今，源自普通写字楼的垃圾排放量，其增势迅猛，令人咋舌。同时还存在一种意外的现象，虽然企事业类的废纸垃圾仍在大力回收之中，但据说其回收率不到50%，甚至低于家庭类废纸的回收率，这让人颇感意外。更何况目前不仅在政府机关，一些民营企业也在鼓励回收旧报纸，看来应当想出一些更好的办法促进这项活动的广泛开展。

第一，让一定规模以上楼宇的建设方、管理方预留或辟出一定空间用来筛分和存放废纸垃圾。笔者曾经参观过一座写字楼，他们在地下室里腾出100多平米的空间，负责承包本楼垃圾处理的经营者每天都把他夫人叫来，让她把废纸分成三种：①高级纸张、②廉价纸张、③废纸。①和②卖给纸张回收店，③直接送到东京都政府的垃圾处理工厂或垃圾填埋场。按照这个处理流程，①和②的回收不仅可以增加营业收入，还可以减少政府的垃圾处理量，连支付给政府的每千克9.5日元的垃圾处理费也节省下来了。

如此这般，对于垃圾收集者来说，楼宇废纸回收本身可以产生一定的经济效益，但是如果没有筛分和存放空间，就难以做成这笔生意。据说也有经营者将楼宇垃圾里的旧报纸暂时运到自家的筛分场里，让全家人或者雇人筛分回收，然而有更多的经营者认为这么干成本太高，不如直接甩给政府。于是，以废纸为主的"自送垃圾"犹如大兵压境，令政府的垃圾处理设施不堪重负，员工叫苦不迭。

而楼宇经营方也有自己的小算盘，停车场里增加一个车位，每个月就有不下几万日元的进项。于是，在高地价的诱惑下，他们总想把存放垃圾的空间压缩到小得不能再小的程度。那么作为东京都政府，应当从促进楼宇废弃物回收利用的角度，尽快出台相关措施，比如修改清扫条例第65条及相关规则，对废弃物存放场所的设置作出硬性规定，同时要求国家对建筑基本法进行修正。

**"用工荒"的解决办法**

**——在经济高速度发展时期，因为清洁工严重短缺，逼得大城市的环卫局跑到偏远地区的煤矿招募失业工人。类似的"用工荒"局面今后还将重演。**

但是问题不止于此。以笔者走访过的赤坂另一家写字楼为例，在地下室的一个角落里干活的三个人里有两个是外国留学生，从傍晚到半夜，收集整理所有楼层的废弃物，从中挑出废纸和高级纸张。据楼宇废弃物处理公司的员工介绍，近两三年，招工广告发出不少，可应聘的几乎都是外国人，而且这些人一找到条件比这里好的工作就立刻跳槽。这家公司为招一个工人，一年就要花上几十万日元的广告费。

如此看来，楼宇废弃物处理行业已经陷入"用工荒"的危机状态，雇佣外籍工人的规定也越来越严，即使反复交涉争取到的垃圾筛选存放空间，却出现了没人来干活的尴尬场面。

环卫业人手不足的问题同样出现在家庭垃圾的处理上。每到夏季，清洁工也要轮流休假，东京都政府主要通过招收学生打工的办法弥补此时出现的"用工荒"，但从几年前就已经招不到日本学生了，应聘而来的都是外国留学生。据说1990年夏天的时候，甚至连这些原本能指望上的留学生都开始减少了，因为比日薪750日元高出不少的好工作比比皆是。

曾几何时，在经济高速度发展时期，也是因为清洁工严重短缺，逼得大城市的环卫局跑到三池等偏远地区的煤矿，拼命招揽煤矿产业凋落以后的失业工人。看来类似的"用工荒"局面今后还将重演，而且愈演愈烈。

### 组建资源再生中心

——大量的企事业类垃圾正是因为没有筛分存放场所，所以转运到东京都的垃圾转运站。如果建立一个资源再生中心，纸类垃圾不消说，金属、有色金属、废瓶子、废料等均可经过筛分得到回收。

确保筛分和存放楼宇废弃物的空间，对于规模较大和待建的楼盘来说比较容易实现，而对现有的、尤其是小规模楼房难度较大。解决这个问题有以下两条出路可供参考。

一是争取在楼宇内部妥善解决。比如在各办公室之间找个合适位置，安放三种颜色的回收桶，将高级纸张、旧报纸和废纸分别丢弃，请废品公司派人回收。

二是采取组建资源再生中心的办法。现在，大量的企事业类垃圾正是因为没有筛分存放场所，所以才一股脑儿地转运到东京都政府的垃圾处理点。如果建立一个资源再生中心，纸类垃圾不消说，金属、有色金属、废瓶子、废料等均可经过筛分得到回收。最好在东京多建几处规模较大的中心，其建设和运作可采取政府与楼宇废弃物处理公司、废品回收公司等民营企业共同出资的公私合营方式。资源再生中心的运营经费可通过资源垃圾的销售筹措，而且在相关设施的经营上可以最大限度地发挥民企的优势和经验。

多处资源再生中心组建后，各楼宇的独立回收系统排放的垃圾如果及时转运到这里，以废纸为主的楼宇废弃物的资源化比率必将大幅度上升。可以说组建资源再生中心的办法全面落实之时，也一定是"垃圾削减10%"的目标实现之日。

### 厨余垃圾的回收利用

——仙台有个养猪合作社，靠残羹剩饭饲养了5200头猪和90头肉牛。看来东京当初也该在垃圾填埋场上多建几个养猪基

**地、养牛基地。**

楼宇废弃物中数量仅次于废纸垃圾的便是厨余垃圾，即使建立起资源再生中心，厨余垃圾的回收利用也是一个相当棘手的问题。笔者曾经走访过某写字楼的地下室，看到楼内十几家餐馆将废弃原料和残羹剩饭分别存放在大铁桶里，由清洁工负责运到千叶县的养猪场，这种回收利用企事业类厨余垃圾的做法如今仍不多见。再比如仙台，养猪合作社每天从市内的餐馆、快餐店回收经营性厨余垃圾达30吨。但东京今后怎么办？据说目前仅有的几处有效回收残羹剩饭的地方，迟早也会偃旗息鼓。

然而，就算仙台的养猪合作社，社员也从1984年的48人减少到了1989年的28人，但回收的厨余垃圾却没有减少，1989年达到11110吨（其中经营性厨余垃圾为9926吨、家庭厨余垃圾为185吨）。1985年他们靠这些残羹剩饭饲养了5200头猪和90头肉牛。几年前笔者遇到养猪专业户时了解到，最让他们感到自豪的是通过自己的劳动为仙台市的卫生事业贡献了一份力量。这正是城市与农村在开展资源再生活动上结成统一战线的生动体现。东京当初不该在垃圾填埋场上建什么公共高尔夫球场，也应该多建几个这样的养猪基地、养牛基地。

## 2　"定点收集"的企事业类垃圾减量行动

### 特许经营者与环卫局

**——特许经营者并没有垄断企事业类垃圾，因为东京都环卫局也承认企事业垃圾是行政服务对象，将其称为"协议垃圾"或"收费垃圾"。**

旨在企事业类垃圾减量的其他重要行动与"定点收集"有关。正如前文所述，东京都政府无偿收集的家庭类垃圾，实际上有一半都不是家庭垃圾，而是企事业类垃圾，我们不得不严肃地面对这个事实。严格说，行政服务对"企事业类一废"采取如此姑息的态度，本身已经违反了东京都清扫条例的原则。环卫局规定日均垃圾超过10千克时，其超出部分需要付费。按照这个规定，"定点收集"的企事业类垃圾中有相当一部分应该是收费的。但是，东京都政府有偿收集的"收费垃圾"仅占"定点收集"的5.7%（21万吨），其他垃圾几乎都和家庭混在一起享受着免费收集的待遇（参考图8）。

以新宿区为例，在日本屈指可数的娱乐街——歌舞伎町，垃圾处理公司与各个商户、楼宇签有合同，每天上门有偿收集电影院、歌舞厅、餐饮店等饮食娱乐场所的垃圾，其中大部分转运到东京都垃圾处理工厂或填埋场。而这些公司必须从政府部门取得特许经营的资格，因而也被称为特许经营者。

但是，特许经营者并没有垄断歌舞伎町的垃圾。因为东京都环卫局也和排放垃圾的商户签有协议，承认他们是垃圾收集的行政服务对象。通过这种形式收集的垃圾被称为"协议垃圾"或者"收费垃圾"。

再者，从大名鼎鼎的歌舞伎町排放出来的垃圾都是大宗垃圾，在众目睽睽之下，这些企事业类垃圾几乎没有搭乘"定点收集"这趟免费班车的现象。但是，离开歌舞伎町稍微走出几步，便是住宅、商店和公司混杂的地区，这里除了一些大宗垃圾，企事业类垃圾仍然混在家庭类垃圾里被政府收走。

我们不妨再回到歌舞伎町，在这里收集垃圾的民间的特许经营者和东京都环卫局，这两支队伍之间也形成了某种竞争关系。每天早晨八点钟刚过，东京都（新宿西保洁站）的清洁车便倾巢出动，全部投入到繁华街面上，一路狂收，不到九点就把所有垃圾收集一空。在歌舞伎町这个地界里，每年除了新年放假三天，清洁工们天天如此。这种街头上演的垃圾收集大战在池袋、上野、银座、涩谷等闹市地区也可以见到。清洁站的工会组织也害怕再有特许经营者打进来，抢走职工的饭碗。

特许经营者在处理费上始终占有优势。行政规定垃圾收费标准是每千克22.5日元，清扫条例禁止民营公司超过这个标准。相反，这就意味着特许经营者可以随便降低收费标准，可以通过打折优惠的手段争取到新的客户。

　　在这个背景之下，放眼整个东京，在有偿收集的企事业类垃圾上，民间的特许经营者市场占有的份额逐年扩大。顺便回顾1977年，东京的垃圾回收公司有50家，只能收集到全部"收费垃圾"的19.9%，随后，这两个数字一路攀升，11年后的1988年，分别达到630家和71.6%。与此相反，在同样的时间里，东京都政府直接收集的企事业类垃圾，其市场份额从47.5%跌落到16.9%。其主要原因是连年增长的企事业类垃圾几乎都委托给了民营公司。还有政府的外围团体——环境整治公社，也在有偿收集企事业类垃圾，但其收集量所占的市场份额远不及东京都政府直接收集的部分（图11）。

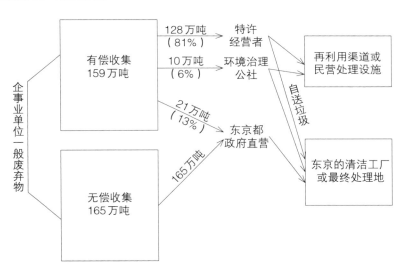

*（ ）内的百分比为与1989年有偿收集量的占有份额

**图11　企事业类垃圾收集体系（东京市区，1989年）**

**"无偿收集"的企事业类垃圾**

**——享受政府无偿服务的企事业类垃圾，已经达到政府处理的垃圾总量的三分之一，显而易见，其中相当一部分垃圾属于违反条例的"搭便车"行为。**

关于"收费垃圾"，无论是民营企业、东京都政府，还是公社，排放者都需付费，问题出现在那些混在家庭垃圾里一起享受政府无偿服务的企事业类垃圾上。如果东京都政府决心让垃圾减量，对这个问题就不能视而不见。因为其数量之浩大，已经达到政府处理的垃圾总量的三分之一。显而易见，其中相当一部分垃圾属于违反条例的"搭便车"行为。

设法让免费收集的垃圾减量，目前有以下两个办法可以考虑：

（1）东京都的清洁工当场检查垃圾情况，对于显然应该收费的垃圾，要求排放者必须照章付费。

（2）关于旧报纸及可资源化的废品，要求企事业单位积极配合并加强指导，充分利用现有渠道加以回收。

如果东京都政府愿意采取这两个办法，一定能够取得相当可观的效果。这让人不由得想到广岛的例子。广岛市曾于1975年面对垃圾处理用地无处可寻的严峻局面发表了《垃圾紧急状态宣言》，开展大幅度减量的专项治理行动，其中之一就是治理企事业类垃圾的排放。市里的清洁工两人一组，对市内重点企事业单位进行拉网式检查，要求他们不要把废纸、纸箱子以及其他废品当作垃圾，必须主动进行资源化处理，同时，向他们详细介绍可利用的废品回收渠道，推荐一批废品回收公司。

经过这次紧急行动，广岛市的垃圾量从原来的日均860吨锐减到550吨，创下垃圾减量36%的纪录。取得如此惊人的成果，很大程度上得益于对企事业类垃圾的整治。

**无法分辨的垃圾**

**——政府总是一副有求必应的态度统统无偿收集，家庭垃圾和企事业垃圾难以分辨，对于促进企事业单位的垃圾减量极为不利。**

东京的企事业类垃圾还存在一个不小的问题，这就是企事业垃圾和家庭垃圾在收集站混杂在一起，几乎无法辨认。除了采取特别收集方式的歌舞伎町等繁华街道以及设有专门垃圾存放处的楼宇以外，小商户和饮食店的垃圾和家庭垃圾大多混在一起，收集站里垃圾堆积如山的光景在东京随处可见。

商户排放的企事业类垃圾如果超过条例规定的标准数量不多，确实无法分辨。另外，在企事业类垃圾排放者的眼里，即便垃圾多一些，环卫局也不会轻易下达交费通知。看来如果政府总是一副有求必应的态度无偿替他们收走的话，他们谁也不想自找麻烦，搞什么回收利用和垃圾减量。换言之，家庭垃圾和企事业垃圾难以分辨，对于促进企事业单位的垃圾减量极为不利。

**仙台的"经营性垃圾"处理制度**

**——仙台市要求家庭垃圾装入容量为四到五公升的塑料桶内，"经营性"垃圾则使用有明显标识的专用塑料袋，每个90日元（含垃圾处理费）。**

在这个问题上，仙台市的收集方式值得参考。该市把无偿收集的"生活垃圾"每次控制在四升到五升以内、10千克以下，超过部分视为"经营性垃圾"由排放者自己处理。但是，市政府已经事先为这些"经营性垃圾"疏通了收集渠道。与东京不同的是，他们想方设法尽可能使生活垃圾和"经营性垃圾"的尽可能容易识别。具体办法是，要求生活垃圾装入容量为四升到五升的塑料桶内，规定"经营性垃圾"使用专用塑料袋，塑料袋上有明显的文字标识。这种垃圾专用袋90日元一个，其中包含垃圾处理费。生活垃圾由市政府直接收集，"经营性垃圾"由特许经营者负责收集，各有分工，所用车辆的颜色也有区别，市民一目了然。

按照仙台模式，排放"经营性垃圾"企事业单位首先需要从负责收集垃圾的特许经营者手里购买专用袋，这就等于为自己预付了垃圾处理费。善于精打细算的企事业单位为了尽可能节约使用这种专用袋，只好自行将"经营性垃圾"直接送到市里的垃圾处理站，或者设法减少垃圾的排放。企图暗中将"经营性垃圾"排放到生活垃圾收集站也难以得逞，因为排放生活垃圾必须使用四升到五升以下的垃圾桶，而一户人家不可能同时交出几桶生活垃圾。

最近，仙台市也陆续出现个别居民不愿意使用指定的塑料桶，将生活垃圾装入家里现有的袋子里排放的现象，这样做不免让政府感到为难。不过，即使这样仙台模式也与东京方式还是有着本质上的区别，这就是"经营性垃圾"必须使用一目了然的指定垃圾袋，而且与市政府直收的生活垃圾截然分流，单设垃圾站。即便有个别不愿意购买专用垃圾袋的企事业单位，将垃圾排放到"经营性垃圾收集站"或者冒充生活垃圾，偷偷"搭便车"，特许经营者有权拒收，将垃圾留在原处，而且这种不良企图在清洁工和社区居民的眼皮底下也难以得逞。

还有，"经营性垃圾"按照这种方式被收集后转运到市属垃圾处理场，市政府目前仍然免费接收，等于特许经营者用出售专用袋得来的90日元仅仅抵消收集垃圾的成本，而垃圾的处理和销毁所需经费仍由市政府承担，算作是政府的服务项目。不过，据说市里最近作出决定，垃圾焚烧处理的部分成本改由企事业单位承担，每千克3日元，"经营性垃圾"专用袋也将提高到120日元一个。

那么，当我们反复观察仙台模式和东京方式的不同是如何反映在企事业类垃圾上的时候，感觉到这里面有其深远的意义。在仙台，市政府负责收集处理的生活垃圾和企事业类垃圾（专业户收集的"营业垃圾"和直接送到市属垃圾处理点的"自送垃圾"的总和）之间的比例大约是61∶39，而东京的比例为37∶63，仙台的企事业类垃圾所占的比例远远低于东京。这大概和两个城市工商业发展规模的差距有关，但不仅如此，两个城市行政服务方式的差异，恐怕也给企事业类垃圾带来不小的影响。就拿刚才举过的养猪专业户收集厨余垃圾的例子来说，餐厅等餐饮业之所以积极配合，也是为了给自己节省购买营业垃圾专用袋的90日元。

### "服务过度"的川崎方式

——川崎市的家庭类垃圾与企事业类垃圾比例仅为94∶6。企事业类垃圾微乎其微是件好事，可是实际上，有大半的企事业垃圾混在家庭类垃圾里，正在乐不可支地享受着政府的"无偿"服务。

在垃圾收集系统上，同为百万人口的城市，而与仙台模式形成鲜明对照的也许要数川崎市了。川崎市的家庭垃圾收集早在20多年前就已经采取每日收集的办法，仅周日一天停收。周到的行政服务让川崎市的垃圾清业闻名全国。然而时至今日，这种行政服务反而酿出一个大问题。

川崎市每天坚持收集家庭垃圾的做法，让大量的企事业类垃圾沾了光。1989年度，市政府以家庭垃圾为名收集的垃圾总量是48.38万吨。相比之下，有偿收集的企事业类"大宗垃圾"是4.61万吨，企事业的"自送垃圾"是3.06万吨，加在一起也不过7.67万吨（川崎市把"企事业类一废"一律视为"大宗垃圾"，由市政府直接收集，禁止垃圾商参与）。这么一来，在由政府收集的垃圾中，家庭类与企事业类的垃圾比例约为94∶6，企事业类垃圾之少，与前面说到的东京和仙台有天壤之别。如果川崎的企事业垃圾果真微乎其微，倒也是一件再理想不过的好事，可是实际上，大量的企事业垃圾正混在家庭类垃圾里乐不可支地享受着市政府的"无偿收集"服务。有市政府调查报告为证：1989年度全市每人每天的垃圾排放量是1146克，是我们在第二章里看到的普通城市家庭垃圾的两倍左右。

赫赫有名的全国"环卫先进城市"——川崎，在近几年垃圾增量的情况下，开始出现垃圾处理设施和设备捉襟见肘的局面。

1990年5月，市长甚至在市报上疾呼："市民们，川崎市的垃圾已经泛滥成灾，赶快行动起来吧！"事实上等于在宣布全市垃圾处理进入"紧急状态"。在他的鼓动下，市政府开始部署"垃圾减量大行动"，在未来四年内实现"削减10%"的目标。如果市政府真有诚意，就应该决心对垃圾处理中所谓享誉天下的行政服务，尤其是无偿收集处理企事业类垃圾的"过度服务"进行整改。

# 3 家庭垃圾和企事业单位的责任

## 解决家庭垃圾的重要性

**——小小文具店，旧报纸之类的家庭垃圾通过有关渠道集体回收，那么不用问，这家文具店在经营中产生的纸箱等企事业类垃圾也将随之走上回收利用的正轨。**

接下来再探讨一下家庭类垃圾。正如上面所看到的那样，在地方政府开展的垃圾减量行动中，企事业类垃圾占据前所未有的重要位置，然而不言而喻的是切不可因此而放过家庭垃圾。从全国范围来看，只有东京的情况特殊，一般废弃物中有三分之二是企事业类的，家庭垃圾只占三分之一，但是一般说来，各地方政府负责处理的一般废弃物中有65%是家庭垃圾。家庭垃圾与企事业类垃圾的比率低于其他中小城市现象，反衬出东京等大城市的经济繁荣。但是，大城市家庭垃圾的绝对数量仍然庞大，企事业类零散垃圾和家庭垃圾混在一起排放，成为地方政府无偿服务对象的现象更是司空见惯。号召居民减少垃圾、鼓励回收利用，也就意味着企事业类垃圾随之减量。比如一家小小的文具店，如果没有把店里旧报纸之类的生活废弃物当作垃圾排放，而是通过有关渠道统一回收，那么不用问，这家文具店在经营中产生的纸箱等企事业类垃圾也将随之走上回收利用的正轨。

如此说来，商店和饮食店之类的小型企事业单位的垃圾和家庭垃圾一起，通过同一条渠道回收利用，这种综合处理的典型事例并不少见。

## 企事业单位在生产阶段的责任

——企事业单位对生产过程中排放的垃圾负有妥善处理、设法减量和回收利用的责任，应当另有自成一体的垃圾处理和回收利用系统，地方政府通过这个系统对企事业单位实行彻底的问责制。

图12显示的是以家庭垃圾为主的垃圾处理和回收利用综合示范体系。

首先，生产活动中必然会大量产生排放产业废弃物和"企事业类一废"，如（1）~（9），前者的极少部分和后者的绝大部分，通过地方政府或者民间的垃圾处理和资源再生渠道，纳入回收利用的范围。与此同时，在生产阶段的（1）~（9）上，企业应当另有一整套独自的垃圾处理和回收利用系统，地方政府应该而且必须通过这个系统对企事业单位进行彻底问责。

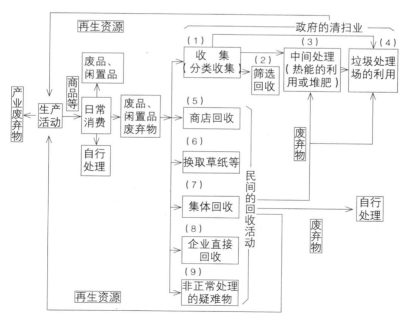

图12　垃圾处理、重复利用的综合示范体系

　　再者，企业对生产中排放的垃圾负有妥善处理、设法减量和回收利用的责任，而家庭垃圾的处理也是这个道理，这个责任便是我们常说的企事业单位的"社会责任"。东京都环卫审议会在中期报告（1990年6月）中对开展"减量10%"活动的意义阐述如下：

　　一次性商品、过度包装和容器的滥用致使垃圾量增加，体积增大，有机复合材料的应用，加大了垃圾处理的难度。企业易患的"销售至上""、"只顾生产、唯利是图"的通病已经为社会所不容。人们迫切希望企业合理利用再生资源，积极开发无污染材料，在产品的开发和销售环节上增强环保意识，为产品使用后的妥善处理着想。从现在起，国家有关部门应当启动法律修改程序，加强指导，进一步完善正在实施的主动回收制度，客观评估产品废弃后所产生的社会影响，明令禁止企业生产不利于环境保护的产品，建立起谁销售、谁回收和以旧换新的长效机制。

　　东京都环卫审议会建议有关部门"启动法律修改程序"，主要是因为对企事业单位的社会问责目前无法可依。正如本书反复强调的那样，虽然现行的废扫法第三条第2项明文规定"企事业单位在物品的制造、加工和销售过程中，必须保证其产品和容器等报废后得以妥善处理"，但是，由于这项条款不具备强制性，属于所谓精神鼓励和促其努力的范畴，所以收效甚微。

　　**三条建议**
　　——普及环保产品（包括包装和容器）；公开产品废弃标准，对产品进行环保评估；零售业发挥更大作用，让消费者愿意使用环保产品。
　　刚才提到的环卫审议会中期报告全面地概括了家庭垃圾问题、企业应尽的社会责任，对此，下文将补充笔者个人的三条建议。
　　一是着眼于环境保护、资源再生和垃圾减量，在法律、税制、行政指导和行政宣传等各个层面上，普及环保产品（包括包装和容器），例如给环保产品贴上环保标识。反之，对那些报废后难以妥善处理的非环保产品，也可以给它贴个"有害产品"的标签，至少应该在这类特定产品上标明废弃标准。村濑诚等人组成的"太阳能系统研究小组"曾经提出过商品的"废弃标准"，他们针对新国技馆和东京圆顶棒球馆屋顶的雨水回收利用提出的建议，已被有关方面采纳。关于垃圾和资源问题，如图13所示，要求生产企业在特定产品上分别贴上"不宜燃烧"、"禁止填埋"或者"可回收利用"这三种标识，方便消费者选购和使用。

　　二是关于产品评估。公开产品废弃标准的前提是对产品进行评估。这一点，厚生省一直在研究建立企业对产品报废处理进行自我评估的制度，并且已经制定了企业在进行自我评估时应当遵守的操作规程。同样，由于缺乏强制性措施，目前几乎没有企业具体落实，就更不要指望企业把自我评估制度和废弃标准挂钩并主动粘贴环保标识了。

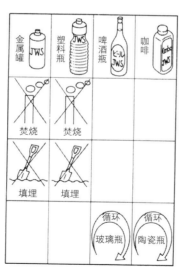

**图13　指明废弃途径的环保标识（制作者：村濑诚）**

　　另外，评估某种塑料产品是否"不宜燃烧"，可能会受到专家不同意见和相关设施处理能力的影响，也有可能因为地方政府对垃圾的量和质的把握尺度有宽有严，难以形成统一的标准。在这种情况下贸然给特定的塑料产品扣上"有害产品"的帽子肯定不妥，更何况针对废弃标准的具体表述也存在一定的技术问题。面对这种状况，行政部门和消费者团体应当出面，积极推荐"环境友好型"、节省资源和节省能源型的产品，倡导消费者使用资源再生型和垃圾减量型的产品。

三是希望零售业为此而发挥更大的作用，让每一个消费者愿意使用"环境友好型"的产品。可是，如果超市里不售废纸再生的卫生纸，不让一次性塑料瓶取代可重复使用的玻璃瓶，那么消费者的热情再高也是徒劳的。关于这类问题，将在第五章里结合笔者在瑞士的所见所闻再做论述。

## 4 家庭垃圾的减量和再利用

### 消费者的可为之处

——希望消费者不要为包装和容器所诱惑，选购商品时注重品质，对不必要或者过度的商品包装说"不"，尽可能选用可回收利用的环保产品。

在生产阶段之后的生活消费阶段，首先希望消费者不要在包装和容器上举棋不定，选购商品时应当注重品质，对不必要或者过度的商品包装说"不"，尽可能选用可回收利用的环保产品。根据前面转引的"目黑区调查"，家庭垃圾中塑料类占6.1%，如果不按重量，而是按大小（容积）来说，家庭类垃圾中实际上有60%左右是容器、包装材料。其中最多的就是塑料，而废塑料里又有90%是容器和包装材料。尤其引人注目的是与食品有关的泡沫托盘、保鲜袋（杯）以及超市的塑料袋等。据京都大学调查，普通家庭每年有1047个泡沫托盘和541个保鲜袋（杯）成为垃圾。

人们在消费过程中一方面要爱惜物品，一方面不要浪费食物。据目黑区的调查，在厨房以外的垃圾不断增加的今天，湿垃圾即厨余垃圾的比率仍然超过35%，所占份额之大出乎人们意料。

　　进一步观察湿垃圾的成分，十几年前幸福家园协会的调查结果已经表明，如果把尚可食用而被扔掉的食物折合成现金的话，每户每月平均高达3000日元。另外，日本的烹饪方法过分追求美观，与什么都直接炒的中国菜相比，丢弃的下脚料过多，所以，家庭烹饪应当进一步做到物尽其用。

　　除此以外，在消费阶段还应当在闲置或者报废的东西上多打些主意，比如可以赠人、共用、翻新、改用、转让、交换、出售等等。跳蚤市场、自由市场、旧货商店等都是不错的出路。另外，自行处理也是一种办法，一些地方政府已经鼓励有庭院的家庭用湿垃圾堆肥，对购买堆肥容器的家庭给予一定补贴。

　　回忆一下，我们烧水洗澡用的大柴锅就是消耗垃圾和资源重复利用的最好设备。木屑、废纸就不必说了，连鸡蛋壳也能当燃料。现在到农村看一看，还有不少家庭有两套洗澡设备，一套用煤气或液化石油气，另一套烧柴。只要避免使用那些不宜燃烧的废品，这种"双管齐下"的大柴锅肯定是家庭资源重复利用的楷模。

### 民间回收体系
　　**——居民应该积极投身到防止"财富"流失的活动。有人说得好："一分为二变资源，混在一起是垃圾"。何去何从，在很大程度上取决于居民是否愿意配合。**

　　顺着图12的思路继续说几句，源自家庭消费的废品和垃圾，其最大的接收主体是地方政府的环卫机构和民营回收企业。收废品的小泉晨一先生常年以神奈川县秦野市为据点，推动市民互动型的资源再生活动。他说，垃圾是一笔"财富"，市民有权敦促政府和民间企业努力回收，防止浪费。由于最终得到实惠还是居民（消费者），居民本身应该也必须配合，积极投身到防止"财富"流失的活动中来。有人说得好："一分为二变资源，混在一起是垃圾。"何去何从，在很大程度上取决于权利主体的居民是否愿意配合。

那么，我们通过图12来看看垃圾的妥善处理和再利用渠道，大体上可以划分为地方政府的环卫机构和民间回收企业。

先说后者，这里列有（5）~（9）等5种渠道，不久的将来，其中至少有两三种将在全国的所有城市出现。

（5）项的"零售商店的以旧换新，回收旧货"，指的是烟酒店开展的以瓶换酒、电器商开展的以旧换新等促销手段，日本自古以来就有回收废品的优良传统，但是现在退步了，将玻璃瓶装的酒类、饮料、牛奶、食用油、酱油等，改用保鲜袋、一次性塑料瓶和一次性玻璃瓶，烟酒店回收旧酒瓶的业务渐渐取消。另外，随着旧家电资源性价值的跌落，商家开展的以旧换新的促销活动也不那么情愿了，劝说消费者把旧家电按大件垃圾处理。此外，（5）里还提到汞电池，有些地方为锰电池、碱性干电池的回收，以及旧浴缸以旧换新等活动。但是，人人皆知的有害物汞电池，1989年的回收率也仅有5.7%。

其次是众所周知的（6）旧报纸换草纸活动和（7）集体回收活动。说到（6），近年来受旧报纸回收价格走低的影响，以前街头常见的换草纸的皮卡车，现在明显少了。（7）的情况也类似，1986年的日元升值导致纸浆进口价格下跌，受其影响，再生资源的收购大幅度下滑，许多废品回收业者相继改行或退出。

面对这种局面，许多地方政府向坚持开展集体回收的团体颁发奖金或提高奖金数额，部分地方政府给予回收公司一定的财政补贴，引导公司之间互相配合，实现经营合理化，结果使（7）的活动效果又呈好转趋势。（6）和（7）是日本独创的回收方式，在外国几乎见不到，日本各种再利用资源的回收率在先进国家中处于领先水平，而成绩的取得在很大程度上得益于（7）的贡献，这一点将在后面提到。

（8）的"企业直接回收"指的是生产厂家与居民团体和行政部门协商并直接上门回收的机制，比如生产玻璃瓶的厂家回收旧玻璃瓶，生产易拉罐的厂家回收空罐。仙台的养猪专业户每天上门收集厨余垃圾也是这个思路的具体做法之一。

**地方政府的资源再生活动**

**——全国3200多个市町村采取垃圾分类收集的约占20%。各地方政府在分类对象、具体办法、收集主体和次数等方面没有统一模式，出现直接经营、委托民营、组建公共团体等多种形式并存的局面。**

下面我们把目光转向地方政府主管的清扫业。首先是（1）项里的"收集"，目前，越来越多的市町村开始推行旨在垃圾资源化、减量化的分类收集方法。全国3200多个市町村里采取垃圾分类收集的约占20%，而在这650多个市中有大约三分之二推行的是资源回收型的垃圾分类方式，只是各地方政府在垃圾分类的对象、分类的具体办法、收集主体、收集次数等方面没有形成统一的做法，从而在经营形态上出现直接经营、委托民营、组建公共团体等多种形式并存的局面。

有的地方直接将（1）项中分流收集的瓶、罐、废纸等转运到废品回收公司临时放置场，但更多的地方是先将其运到垃圾筛分场（资源再生中心），通过磁选机或者传送带等进行人工挑拣。这种方法相当于（2）的"筛分回收"，地方政府在规模、方式和经营形式上也是形形色色，各显其能。

最近，有的资源再生中心还动员组织老年人、残疾人（包括残疾儿童）参加空瓶的分类活动，建立旧货翻新和制作玻璃工艺品的"市民工坊"，开办小卖部，布置展室等。

（1）项里作为垃圾收集而来的废品和（2）项里从垃圾处理过程中产生的废渣类，均被转移到（3）项的中期处理或者（4）项的最后处理上。在这些阶段中，垃圾的有效利用还有潜力可挖，值得关注。在（3）项里利用焚烧时产生的热能为温水泳池供热，为附近住宅供暖、供热水等。此外，用来发电的做法也开始盛行，横滨正在开发研制利用这种电能驱动的电动清洁车。

因为有了这样的先例，塑料行业开始鼓吹"废塑料作为一种优秀燃料大有可为"的论调。其实，废塑料的用途是有限的。由于废纸和废塑料的过度增加，致使垃圾产生的热量过剩，焚烧炉可能会超负荷运转而出现损坏，并且加大了大气污染的治理难度。目前，有不少垃圾处理工厂一方面为垃圾储存罐里的垃圾反复浇水降温，另一方面却反过来要求居民把厨余垃圾沥干。另外，虽然回收能源不失为废弃物有效利用的好办法，但是依靠垃圾处理工厂的现有设备，焚烧过程中热能的回收率仅占全部热能的百分之几，全国只有札幌等地的垃圾处理工厂属于例外，其余的都沦为废热，不得不"忍痛割爱"。

还有（3）项里的再利用包括堆肥。丰桥市和长野县的臼田町等地，通过堆肥把湿垃圾还原给农村的做法名声在外。尤其是在臼田町，前来参观堆肥设施的城镇居民还能收到一份特殊的礼物——用垃圾制造的肥料，意在感谢城镇居民对垃圾分流回收的积极配合。按照（4）项里提到的如果垃圾填满后的场地得到有效利用，等于兑现了国立环境研究所后藤典弘先生所说的"空间回收"。前几天，笔者访问斯德哥尔摩的时候，当地翻译指着市内一片"丘陵"说，那里就是用垃圾堆积起来的，夏天是绿草茵茵的娱乐场所，冬天又是孩子们的滑雪胜地。

## 5　垃圾减量与再利用的条件及可行性

### 三大条件
——掌控从生产到消费，直至废品回收和垃圾处理的全部流程；彰显"地方自治"的优势，建立垃圾回收利用体系；公共机关与民间相互配合。

上面我们按图索骥，俯瞰了垃圾处理和再利用的全貌，下面我想从三个方面论述进一步优化垃圾减量和再利用的具体条件。

第一，垃圾处理和再利用需要掌控从生产到消费，直至废品回收和垃圾处理的全部流程，在这个基础上将每一个具体环节有机组合起来。例如，消费者的初衷是不想使用一次性容器的，而事实上商家在销售环节上"强行推销"，让消费者可贵的环保意识落空，拿自来水打个比方，如果其源头即生产阶段的调控不到位，各家各户的水龙头再先进——也就是到了具体消费阶段——出水也不可能流畅。

第二，如何把（1）~（9）的每一项回收利用机制组合起来，构成一个综合体系？每个系统又承担哪些具体内容？对于这些问题，由于每个地方政府拥有的条件、所处的环境不同，或者有关人士的思想观念和评价标准不同，故而出现多种套路并存的局面。依我看，建立垃圾回收利用体系，应当鼓励各地政府充分彰显"地方自治"的优势，对于地方自治的重要含义予以足够的重视。

第三，公共机关（行政部门）与民间相互配合。资源再生体系中的每一个环节都离不开政府与居民、居民组织、废品回收公司、生产厂家等方方面面的合作，否则，这个体系不可能发挥应有的功能。而怎样在居民的参与下建立起这样一种合作机制，对地方政府自治能力也是一种考验。

### "垃圾削减10%"的可行性

——有人统计，夫妇和两个孩子的四口之家，日均垃圾是3955克，其中的厨余垃圾填埋在庭院里，旧报纸和瓶罐类垃圾交给回收部门。结果，排放到垃圾收集站的只有377.9克，只占家庭垃圾量的9.55%。

那么具体到东京，究竟应该采取怎样的方策，才能实现家庭垃圾减量10%的奋斗目标呢？

如果每一个家庭都有参加垃圾减量活动的诚意，这件事情恐怕也就好办了。《世界最亲密的垃圾伙伴》一书的作者松田美夜子女士从家庭主妇的立场出发，在垃圾问题上独树一帜。据说她在1989年9月对自己家中的垃圾进行了连续一周的调查，得出以下结果：由夫妇和两个女儿组成的四口之家，日平均垃圾是3955克，其中湿垃圾（厨余垃圾）几乎全部填埋在庭院里，旧报纸、废纸箱、旧杂志、空瓶和罐类交给市里的资源回收部门。结果，排放到市政府垃圾收集站的有377.9克，只占家庭垃圾量的9.55%。

如果各家各户都照她家这么做，不用说"减量10%"了，简直可以做到"减量90%"，东京的垃圾问题将一举得到彻底解决。震惊之余，进一步究其减量秘诀，固然有可以填埋厨余垃圾的庭院相助，又得益于回收瓶瓶罐罐的"川口模式"，然而我们知道仅有这些仍然是不够的，还需要忍痛割爱进一步付出的勇气，比如坚决不买那些装在一次性容器的饮料食品和调味品。

如此看来，如果松田家的减量方式一经效法推广，即便在目前这种严峻的形势下也完全有可能实现大幅度的垃圾减量。但是，我们不能指望所有的居民、所有的家庭都做到这种程度。当他们想买瓶装酱油的时候，超市的货架上只有塑料瓶装一种，也就只好把它买回去。在人们生活的社会里，如果没有现成的有利于资源再生的道路可走，普通居民面对弃之不用的物品时，也只能当作垃圾一扔了之。这就意味着在许多时候，人们虽然有心配合垃圾减量和资源再生，如果身边没有条件满足自己的这份心愿，也就只好随波逐流。

因此，从这些角度来观察城市现状，还有若干问题不断被提及并有待解决。下一章里，不仅以大城市为例，还会结合中等城市的活动事例，探讨地方政府有关资源再生体系的政策问题。

# 第四章　大城市资源再生体系的建立

在东村山市资源再生中心劳动的残疾人

# 1 大城市与资源再生活动

垃圾焚烧的热能利用

——是否应该按照这样一个顺序考虑问题：在垃圾被焚烧前首先尽可能争取垃圾减量和回收利用，其后产生的垃圾才焚烧处理，有效利用焚烧产生的热能。

人们经常批评大城市（指东京市区和11个政令指定城市）对资源再生事业重视不够。其实，垃圾焚烧后产生的热能在大城市已经普遍得到利用，目前东京地区垃圾处理工厂输出的电力已达5.64万千瓦。但在现阶段，其热能的利用率仅仅是全部热能的7%，而从技术层面推算完全可以提高到30%。1989年东京都通过"垃圾发电"向东京电力公司售电1.89亿千瓦时，市值14亿日元。据说日本的垃圾发电始于1965年，其后逐年增加，至1989年，全国日均发电约30万千瓦时，相当于85万户家庭的用电量。

最近，东京电力公司仍然坚持认为"垃圾发电"质量低，对其购入持消极态度。由于垃圾的数量和质量不均，垃圾处理工厂的发电量不够稳定，所以，电力公司的人把供应不稳的电称之为"坏电"。这里值得一提的是札幌，该市地处北方，历来重视周边住宅和公共设施的采暖需求。最近，清洁工厂正在兴建一座巨型"垃圾罐"，可储存1万吨废建材等干垃圾燃料，以确保冬季供暖的稳定。

由此看来，积极利用垃圾能源的具体措施还有潜力可挖，但是，如果过分强调这种能源化的做法，容易被人误解为垃圾处理仅满足于焚烧一项，批评我们对集体回收、垃圾分类或者筛分回收的资源化处理重视不够。对此，我们是否应该按照这样一个顺序考虑问题：在垃圾被焚烧以前的所有环节上，首先要尽可能争取垃圾减量和再利用，其后产生的垃圾才进行焚烧处理，而且在焚烧过程中物尽其用，有效利用焚烧产生的热能。

## 环卫事业与资源再生

——全国12大城市环卫行业的垃圾资源化比率平均仅为1.45%，实施资源再生型垃圾分类收集的仙台和广岛成绩突出，超过3.5%—4%，而大阪和神户不足1%。

首先看看大城市环卫事业中开展的资源再生活动，如表10所示。其中，不折不扣地实施资源性垃圾分类收集的城市是广岛市和仙台市。其次是川崎市和神户市开展的铝制易拉罐和不锈钢易拉罐的分类收集。其他城市如札幌、东京和名古屋，只不过有极少数地区对废瓶子、碎玻璃或者铁铝类废品进行分类收集，有些地方仍停留在用磁石筛分出废铁的程度上。

因此，全国12大城市（含1988年4月成为政令指定城市的仙台）环卫行业的垃圾资源化比率（已回收的有价废品在垃圾收集量中所占的比率）平均仅为1.45%。但是，其中实施资源再生型垃圾分类收集的仙台和广岛成绩突出，超过3.5%—4%，而大阪和神户不足1%。

东京在这方面的表现怎样呢？东京都只有足立区的部分地区一直坚持对空瓶和易拉罐进行分类收集。如果撇开这个不谈的话，所实施的分类收集仅涉及可燃、分类垃圾（金属、玻璃、塑料等）和大件垃圾（申报收集）这三类，尚未实现真正意义上的资源回收型垃圾分类收集。实际上，分类垃圾和大件垃圾在收集后转运到垃圾中转站，粉碎后用磁选机回收金属铁。1989年度其分类垃圾的铁回收量为每天100吨，大件垃圾（包含自送的废金属材料）的铁回收量为每天50吨。乍一看数量可观，可是东京每日的分类垃圾为1250吨，大件垃圾为400吨，前者的铁回收率为8%，后者为12%，算不上好成绩。因为根据分类垃圾（定点收集部分）成分的调查结果，废铁类占分流垃圾的比率虽超过18%，实际上的回收量还不足一半。

表10　大城市环卫事业中开展资源化的品种

| | 废纸类 | 废布类 | 铝类 | 铁类 | 玻璃瓶 | 碎玻璃 |
|---|---|---|---|---|---|---|
| 札 幌 市 | | | | | | ○ |
| 仙 台 市 | | | ○ | ○ | ○ | ○ |
| 东 京 都 | | | | ○ | ○ | ○ |
| 川 崎 市 | | | ○ | ○ | | |
| 横 滨 市 | | | | ○ | | |
| 名古屋市 | ○ | | | ○ | ○ | ○ |
| 京 都 市 | | | ○ | ○ | | |
| 大 阪 市 | | | | ○ | | |
| 神 户 市 | | | ○ | ○ | | |
| 广 岛 市 | ○ | ○ | | ○ | ○ | ○ |
| 北九州市 | | | | ○ | | |
| 福 冈 市 | | | ○ | ○ | | |

表内标有○的位置包括示范地区和局部地区的实施。

摘自OSTRAND《川崎市垃圾减量化对策调查》1990年

### 回收率低的易拉罐

——东京1988年铝制易拉罐占分类垃圾的3.1%，约为2597吨。每个按20克计算，有1亿3000万个易拉罐被直接填埋，这部分宝贵资源从此长眠地下，白白丧失了重新造福于世的机会。

再说东京，从收集后的分类垃圾和大件垃圾中筛分回收的只有不锈钢易拉罐等铁屑，而人称"资源金条"的铝以及非铁金属的回收几乎为零。虽然颇有回收价值的是铝，可是磁选机对其不起作用，必须采取手工分拣的办法。因此，不只是东京，在铝制易拉罐用量最多的其他大城市里也没有建立起完整的回收系统。

可以说，这种铝制易拉罐回收体系不完备，正是出现在大城市资源再生管理中的最大问题。据目黑区调查，铝制易拉罐的集体回收率仅有6%，92%的铝制易拉罐都排放到东京都的分类垃圾里，这部分易拉罐在中途并没有及时得到回收，而是直接填埋。然而有人推算，随着啤酒等罐装饮料的消费量逐年增加，易拉罐在东京都分类垃圾中所占的比率将从1984年仅有的1.4%发展到1988年的3.1%，翻了一番还多。其重量大约是2597吨，每个铝制易拉罐按20克计算，实际上相当于1亿3000万个，这部分宝贵资源从此长眠地下，白白丧失重新造福于世的机会。

同样的道理也适用于废瓶子和废玻璃，在东京的分类垃圾中废瓶子和废玻璃占30%，却没有像中小城市那样对随意丢弃的玻璃瓶开展回收行动。

### 应当鼓励集体回收活动
——东京1989年有3399个团体开展废品集体回收活动，而回收量只占同年垃圾收集量的2.3%。而在回收活动较为活跃的中小城市，这个比率已经达10%。

如此看来，许多大城市对资源再生型垃圾分类收集不感兴趣。如果不算垃圾焚烧后的热能利用，大城市在资源再生方面态度只能说是消极的。不仅如此，民间的团体回收活动也不像中小城市开展得那么普遍，回收成绩迟迟不见提高。

东京1989年度有3399个团体开展废品集体回收活动，并且取得了8.46万吨的回收业绩，可是这个数量只占同年度垃圾收集量365万吨的2.3%。而在集体回收活动较为活跃的中小城市，这个比率已经达到10%左右。另外，在东京，集体回收的资源垃圾中，纸类垃圾占到92%，瓶类占4%，包括铝在内的金属只占1.2%。

因此，在大城市里，民间开展的集体回收活动还没有发展到行政部门可以依赖的程度。即使今后的回收成绩提高两到三倍，可重复使用的瓶罐垃圾依然会和其他家庭垃圾混在一起排放到垃圾站。因此，作为地方政府，固然应当积极扶植民间回收活动，而自己管理的环卫事业如何参与资源再生活动，也是一个不应回避的重要课题。

## 2 "中小城市可行，大城市难办"？

**社区依托型的资源再生活动**

**——大城市居民参与的集体回收活动与中小城市相比，已经落后了不少。其原因在于公寓等群体住宅和双职工家庭的增加，居民之间的睦邻意识淡薄。**

一般说来，在大城市里无论是资源再生型垃圾的分类收集，还是民间层面的集体回收活动，与先进的中小城市相比已经落后了不少。其原因正如前文反复说过的，大城市的居民本来就缺少睦邻意识，而公寓等群体住宅和双职工家庭的增加更是让渐渐疏远的邻里关系雪上加霜，加之稠密的居住环境和拥挤的道路交通，不利于开展社区依托型资源再生的环保活动。"中小城市可行，大城市难办"，这是大城市当局经常挂在嘴边的借口。

但是，当你接触到仙台和广岛的活动时，你就会知道开展社区依托型环保活动"大城市难办"的借口是站不住脚的。再说，就连东京这样的巨型城市最近也已经开始尝试开展社区依托型环保活动。

**目黑方式的试行情况**

**——每逢周一，居民将空瓶和易拉罐分别投放在回收站的塑料垃圾箱里，区里委托专业公司回收，转运到资源再生中心，垃圾箱的日常保管或由居民轮流负责。**

其中明显的一例就是东京目黑区试行的瓶罐垃圾回收活动。其组织形式概括起来是这样的：东京都的市区保洁由东京都环卫局负责，而分类垃圾的收集由区里委托专业公司负责，每周一次，转运到资源再生中心。每逢这一天，目黑区内示范区的居民就将空瓶和易拉罐分别投放在分类垃圾回收站的塑料箱里，分类垃圾箱的日常保管指定专人或由居民轮流负责。

这种垃圾分类收集方式从1988年10月开始试行，1990年3月，示范地区迅速发展到最初的两倍，涉及5200个家庭，回收成绩也越来越好。区政府已经出台规划，准备用七八年的时间将分类收集方式推广到全区，据说居民们纷纷要求将这项规划的落实时间再往前提。

资源再生的目黑
目黑区资源再生活动标识是从全国1744件应征作品中选中的，一只蜗牛在嫩叶上爬行留下的旋涡轨迹，表示循环之意。

　　我想先简单讲述一个人们感兴趣的问题：为什么这种方式在目黑区获得成功？它有什么背景和怎样的目的？几年前，东京都准备在目黑区建一座垃圾处理工厂，消息传出后便不出所料地遭到当地居民的反对。但是，这里和其他地方的多数情况有所不同，没过多久，居民们便对东京都政府的计划表示理解，在没有垃圾焚烧炉的目黑区建设垃圾处理工厂本身确有必要。但另一方面他们又向东京都和区政府提出了实现垃圾资源化和减量化的要求。不久，他们的反对活动演变成直接要求区议会制定"资源再生条例"的请愿运动，在议案上签名的居民远远超过了法定人数。如果区议会表决通过了这个议案，目黑区将成为全国第一个拥有"资源再生条例"的行政区。遗憾的是，区议会、区长以条例议案内容有若干问题为由，拒绝受理这个提案。

　　然而，无论是区议会还是区长，对居民要求促进资源再生的基本想法举双手赞同。结果，就在居民的这个议案遭到区议会否决的1986年，该区成立了"目黑区资源再生活动恳谈会"作为区长决策的咨询机构，邀请请愿居民代表参与并且担任委员。一年零七个月以后，该区作出批复并启动了目前正在推广的"瓶罐回收试行活动"（寄本胜美：《地方自治的现场和"居民的参与"》）。

**"大城市难办"的主观臆断**
**——社区依托型资源再生活动在大城市并非难以开展，许**

**多居民以向前看的积极姿态乐于参与，问题是行政当局怎样做才能不辜负居民的一片苦心。**

我们已经看到，社区依托型的资源再生活动在大城市并非难以开展，事实已经告诉我们，所谓"大城市困难"的说法只不过是"主观臆断"。真正的结症出现在大城市当局及其有关人员身上，关键看其对新生事物是否具有勇于挑战的意愿，有无大干一场的诚意，至于大城市在条件和环境上存在的各种困难，并非决定性的本质问题。

再者，鼓吹"大城市困难"的主要根据是大城市的社区居民邻里关系淡薄，不愿意配合。这种主观臆断的借口在居民踊跃参与的"目黑方式"面前已经不攻自破。1988年12月，目黑区在示范地区进行过随机调查，向1400户家庭邮寄调查表（回收率33.2%），反馈的结果也打破了"在大城市难以得到居民配合"的说法，反映出的居民态度令人回味，现将部分结果介绍如下。

一、垃圾分类在实际操作上是否麻烦

1  没有想象的那么麻烦　　　　　78.9%

2  果然相当麻烦　　　　　　　　14.6%

3  其他或不清楚　　　　　　　　6.5%

二、对瓶、罐分类收集的具体想法

1  希望继续进行　　　　　　　　80.8%

2  希望完善后继续进行　　　　　12.4%

3  不想继续配合　　　　　　　　1.9%

4  其他或不清楚　　　　　　　　4.9%

三、您认为目黑区的瓶罐分类收集办法应否推广至全区

1  希望务必推广　　　　　　　　74.5%

2  应当视情况逐步推广　　　　　18.4%

3  应当停止在全区推广　　　　　1.2%

4  其他或不清楚　　　　　　　　5.9%

需要重复指出的是，居民们对垃圾分类收集的态度是积极的。这个调查数据是从居住在分类收集示范区里的、虽然麻烦却

愿意配合的居民中得出的，而不是居民对将来是否愿意采取分类收集的假设所反馈的意见。目前，许多居民都在以向前看的积极姿态参与垃圾和资源再生问题，问题是行政当局怎样做才能不辜负居民们的一片苦心。

# 3　分类收集与筛分回收的对接

### 东京分类收集的问题

——无论是可燃和不可燃的分类垃圾，还是大件垃圾，收集后的筛分回收并不彻底，最好办法就是兴建或完善资源再生中心。

东京分类收集的垃圾有三种：可燃垃圾、分类垃圾和大件垃圾，其收集体系的特点有别于对可燃与不可燃垃圾不加区分的横滨、大阪和川崎。然而，东京在处理作业中并没有充分发挥自己的这一特点。因为无论是分类垃圾还是大件垃圾，东京在收集后的筛分回收上并不像前文论述的那么彻底。

当然，与混合收集相比，废塑料已经被列入现行的分类收集垃圾，其焚烧量也大大降低，在垃圾处理的层面上已经初见成效。不过，东京都政府应当本着对那些在日常生活中积极配合的居民负责的态度，增加这方面的财政投入，努力为分类垃圾和大件垃圾的资源再生找到更好的出路。不辜负居民期待的最好办法就是兴建或者完善资源再生中心，彻底地进行分类垃圾的筛分回收。

### 西宫模式的实施机制

——实行分类收集的垃圾有三种：可燃、不可燃和大件垃圾，经过后期筛分回收，有一半实现了资源化，也实现了垃圾减量的目标。

在这方面最值得参考的就是西宫市（人口42万多）的方式。西宫市实行分类收集的垃圾有三种：可燃、不可燃和大件垃圾。

从表面上看与东京相同，但在谋求不可燃垃圾的彻底资源化上有所区别。

具体说来，西宫市将不可燃和大件垃圾送到垃圾处理工厂附设的筛分设备上，传送带筛分与手工挑拣并用，对废玻璃（按白色、茶色、混合色等不同颜色进行回收）、有色金属（铝制易拉罐及其他铝、铜、不锈钢等20种）进行筛分回收。剩下的垃圾被粉碎后，用磁选机回收不锈钢易拉罐等废品中的铁。另外，区别对待那些尚可使用的摩托车、空调和榻榻米等，将其挑拣出来直接出售。

如表11所示，这类可回收的资源垃圾每年达7000吨，占到全市不可燃和大件垃圾的三四成。换句话说，这些被称之为不可燃垃圾或大件垃圾的废品，经过后期的精心筛分和努力回收，有近一半实现了资源化，也实现了垃圾减量的目标。

表11　不可燃、大件垃圾的回收成绩（西宫市）

| | | 1986年度 | 1987年度 | 1988年度 | 1989年度 |
|---|---|---|---|---|---|
| 废铁 | | 3269t | 3594t | 3824t | 4001t |
| 废玻璃 | | 2924 | 2882 | 2882 | 3101 |
| 废铝及有色金属 | | 176 | 193 | 285 | 274 |
| 摩托车及其他 | | 117 | 179 | 175 | 248 |
| 回收量合计 | | 6486 | 6848 | 7166 | 7624 |
| 销售额 | 市收入<br>委托费 | 31833000<br>日元<br>35865000 | 26742000<br>日元<br>47701000 | 46769000<br>日元<br>50631000 | 52231000<br>日元<br>55491000 |
| | 合计 | 67698000 | 74443000 | 97400000 | 107722000 |

西宫模式的优缺点

——筛分回收所得由市政府和民间回收公司按比例分配，市政府用其建立物资回收基金，用于添置街心公园设施，开展环保宣传活动等。

西宫市推行的筛分回收是以市政府和民间回收公司共同分担的形式实现的，售后所得也在两者之间按适合的比例分配。如表11所示，1989年度的销售额超过1亿日元，其中有5500万日元成为回收公司的收入，这个数额相当于市政府拨付给回收公司的委托费，因此，市政府在委托费上没有动用纳税人的一分钱。回收公司的13名从业人员，并没有像以前那样由经营方雇用，而是回归到他们自主运作的企业。正是因为这种组织形式的实现，证明了西宫模式具有激发员工积极性的作用。

另一方面，市里在若干年前建立了物资回收基金，这部分收

此处由西宫市垃圾资源回收基金修建

入在继续不断积累的同时，还用于添置长椅、木制玩具及垃圾箱等公园设施，开展宣传培训活动。为了向市民灌输环保意识，他们还在这些长椅和钟台上张贴"垃圾回收基金环保标识"。

如果东京也同样采取西宫模式的话，分类垃圾和大件垃圾的资源利用率将升至目前的三四倍，这也是对垃圾减量的一个不小的贡献。

但是，西宫模式的现状也并非完美无缺。因为其特点在于市政府是将废弃物作为不可燃垃圾和大件垃圾收集而来的，从中寻求取舍，而不像许多城市那样将废弃物作为"资源垃圾"分类收集，进行筛分回收。恰恰由于这个特点的存在，致使人们对西宫模式褒贬不一。具体说来，西宫市将分类收集规定为可燃垃圾每周三次，不可燃垃圾每周一次，故而在不可燃的垃圾中总是不可避免地、或多或少地混入厨余垃圾和废塑料等可燃垃圾（废塑料在该市被列为可燃垃圾），直接影响到手工筛分作业的条件和环境。另外，与可燃垃圾的情况相同，收集不可燃垃圾的劳动强度也很大，由于使用的是塑料袋包装，所以仅在筛分现场负责拆包作业的这一道工序上就需要安排四到五个工人。

我们相信这些问题一旦得到改善，垃圾的分类收集将更加精细，在收集阶段将瓶罐等资源垃圾与其他可燃或不可燃垃圾分而治之。必要时作为后续手段，还可以考虑将资源垃圾按照一定的类别进行回收。这个办法比西宫模式更容易普及。在这方面，仙台模式已经走在了前面，下文将对其概况加以介绍。

### 仙台模式的实施机制
**——在市政府奖励政策下，参与集体回收活动的社会团体达1062个。市政府与回收公司共同出资成立环境治理公社，为资源再生搭建官民并举的活动平台。**

提起仙台，在市政府奖励政策的推动下，废品的集体回收活动逐年活跃，1989年参与团体达1062个，回收量为16970吨。与5年前1985年相比，其增幅已达62%。而在这5年里，该市的生活

仙台市瓶罐分类收集的场景

垃圾（家庭垃圾）增长率为25%，抚今追昔，成绩斐然。

　　有些地方民间层面的回收活动轰轰烈烈，相反，政府却以鼓励民间回收为由，对其内部应承担的环卫任务加以推卸，然而在仙台却见不到这种现象。正如上一章的图12所示，无论民间的集体回收活动开展得多么有声有色，漏网的各类废品依然相当可观，尤其是钢制易拉罐和杂志等价值不高的废品容易被民间回收活动忽视，在回收过程中将其截获的意义不可小觑，价值虽高，但必须积攒到一定数量才适合回收的铝制易拉罐便是其中一例。

　　鉴于此，1984年仙台着手对瓶罐进行分类收集，市政府率先与废品回收公司共同出资，成立了（株式会社）仙台市环境治理公社，构筑起承揽这项新兴事业的平台。对家庭垃圾的混合收集每周三次，而对瓶罐垃圾，两周收集一次，而且使用专用回收箱，居民们勿需区分，可将瓶罐全部投到垃圾收集站的回收箱里。至于回收箱的管理，收集日的前一天晚上，由公社派人配送到各个站点。

### 公社的工作环境治理

**——公社负责瓶罐垃圾的分类收集，所需经费由市财政负担。筛分回收和出售由公社自主经营，其收入用来支付27名员工的工资及作业成本绰绰有余。**

受市政府委托，仙台市环境治理公社在全市范围内负责对瓶罐垃圾进行分类收集，并配备专用的回收箱。于是，市政府需要向公社支付一笔委托费，用以完成这项工作。另外，废干电池的分类收集也同样委托给公社，每逢瓶罐垃圾的收集日，居民将干电池装在透明塑料袋里，按规定和瓶罐垃圾一起排放。

公社把分类收集的瓶罐垃圾和干电池转运到市内的两个筛分场（资源再生中心），其中的小鹤筛分场就是如图14所示的流程筛分回收的。如上所述，由于这项收集活动由市里委托给了公社，所需经费以委托费的名义由市财政负担，而收集后的筛分回收，则属于公社的自主经营活动，其作业成本必须由公社全额负担。

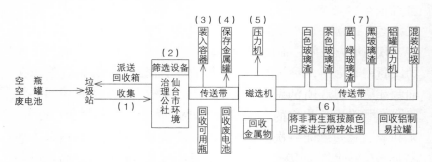

**图14　瓶罐垃圾的资源化流程**

接下来是仙台模式所取得的成绩（合并前的泉市的成绩除外），1989年度约为10350吨，日均38吨以上。其中包括钢制和铝制易拉罐等废金属11.3吨，空瓶5.8吨，碎玻璃21吨，其他0.23吨。公社出售废品的收入共1亿3740万日元，这笔收入用来支付27名员工的工资等筛分回收费绰绰有余。

## 西宫模式与仙台模式的比较

仙台模式致力于瓶罐垃圾资源化分类收集活动，得到广大居民的积极配合，因而在进入筛分阶段的瓶罐垃圾里，其他垃圾的混入率仅为5%，因此，厨余垃圾和废塑料的混入所产生的问题远远少于西宫市。在仙台模式中，环境治理公社负责在收集日的前一天将回收箱配送到位，这个环节虽然需要一定人手和费用，但是物有所值。

## 广岛模式——出售资源垃圾

**——招标决定回收公司和垃圾价格，中标公司进驻资源再生中心，负责筛分回收出售，厂房和设备由市政府无偿借用。**

仙台的资源再生型垃圾分类始于民间开展的集体回收活动，对象只限于空瓶和易拉罐，而另有不少地方将垃圾的分类对象扩大到废纸和碎布头等。在大城市里，广岛市就属于这种类型。正如前面叙述过的那样，广岛因"五项分类收集"而赫赫有名，市政府委托的垃圾回收公司在全市范围内，对资源垃圾每周巡回收集一次。

这部分资源垃圾被转运到市内的两处资源再生中心，在这个阶段里，广岛特有的做法开始大显身手。具体说来，收集的资源垃圾出售给另行指定的废品回收公司，而回收公司的指定和每吨的价格，通过每年一次的竞标决定。中标的公司进驻中心负责筛分回收，出售后冲抵垃圾购入费和筛分回收费，余额作为利润，而资源再生中心的用房和设备由市政府无偿借用。招标结果往往导致负责筛分的回收公司更换，实际上，交接工作只是在经营者之间进行，新的经营者继续雇用这里的原班人马，所以，工人的面孔没有变化。

表12　资源垃圾的回收和处理成绩

| | | 全市范围 | |
|---|---|---|---|
| 收集量 | | 23322t | 比例（%） |
| 再生量 | | 18491 | 100 |
| 再生内容 | 纸　张 | 3628 | 20 |
| | 布　类 | 202 | 1 |
| | 金属类 | 4811 | 26 |
| | 玻璃类 | 9850 | 53 |
| 剩余残渣 | | 4831 | |

出处：广岛市环境事业局

　　所谓"出售垃圾"的广岛模式颇具特色。如表12所示，1989年度的资源垃圾回收业绩高达23300吨，占到市政府收集的可燃垃圾和不可燃垃圾（均含企事业类垃圾）总量324800吨的7.2%。另外，表13归纳整理的是同年有害垃圾收集量，其数量之大，也远远超过了仙台。

表13　有害垃圾的收集内容

（广岛市　1989年度）

| | 收集量 |
|---|---|
| 有害垃圾 | 321t |
| 干电池 | 186 |
| 日光灯管 | 135 |

出处：广岛市环境事业局

## 4　废旧干电池的妥善处理与资源再生

### 废旧干电池问题的现状

　　——混杂在可燃垃圾里的废电池数量相当可观，含汞的废电池以成为社会公害。可喜的是，经过业界人士的不懈努力，

**新生产的电池汞含量已大幅降低。**

按照目前的技术水平分析，几乎所有的废品和废弃物都有重复利用的可能。但是，在许多情况下应当具备以下两个条件：一是没有异物混杂其中，二是按一定数量集中在特定场所。垃圾分类收集的作用之一就在于满足这两个条件。

在满足这两个条件之后可以重复利用的废品中就包括废旧干电池。1983年，废旧干电池所含的汞成为严重的社会问题。当时，厚生省的见解是传统的处理方式没有给自然环境带来特别的影响，被坊间戏称为"安全宣言"。然而，对这一见解持有异议并且予以抨击的力量不断积蓄。最近，东京都町田市专门成立的一个委员会，又开始对废旧干电池的焚烧和填埋所产生的公害问题进行批评。委员之一、京都大学教授高月纮公开发表了相关的实验数据，试图验证问题的存在（町田市妥善处理废旧干电池研究委员会：《关于妥善处理干电池的调查和研究》）。

据日本干电池工业协会调查，干电池（非充电式）在日本国内的销售量从1983年的16亿节增加到1989年的21亿节。经过业界人士的不懈努力下，电池中的汞含量大幅度降低，同期生产所需的汞已由原来的61吨减少到34吨。业界付出的努力是巨大的，时至今日也基本维持在这个水平上。但是，进口干电池迅速增加，而我们对其汞的含量并不知情。据说1989年的干电池进口量已达1亿4509万节。

与此同时，混杂在可燃垃圾里的废电池数量相当庞大，与西欧一些国家不同，日本在汞的大气排放上没有采取任何管制措施。

于是，大城市对于电池使用后的处理措施严重滞后。东京、大阪等城市没有规定对废电池分类收集的具体办法，像川崎市这样的城市1989年的回收量只有42吨，还不及同为百万人口城市的广岛市的四分之一。

大城市将废电池与其他垃圾混为一谈的这种做法，无论从本应妥善处理的观点，还是从其他任何角度来看，都是难以理解的。因为废电池可以重复利用，应当采取必要措施，使其在垃圾减量和资源的有效利用上有所突破。前面说到的町田市的那个委员会也是这么建议的：

在推进垃圾减量化的过程中，最有效的办法是将报废的干电池、空瓶、空罐、旧报纸和碎布等可利用为资源的垃圾进行回收，使之资源化。如果废电池的收集量达到2000吨以上的水平，便可通过回收其中的金属资源，让企业有利可图，这种资源化处理体系已经建立起来了。

**押金制的导入**

**——现已证明，废电池之类的废弃物，只要回收，其资源化处理完全可以纳入企业自负盈亏的轨道，消费者购买这类商品时应支付50日元的押金。**

追根到底，关键是如何把这些废电池收集起来。首先，干电池工业协会认为经销含汞干电池（1989年国内流通量为1100万节）的电器商店和照相机商店等商户应当带头回收。据说目前实际回收率勉强为5%，其余都被当作垃圾扔掉。另外，碱性干电池的生产量正以年均20%的速度增加，1989年国内流通量达到9000吨（3亿3500万节），其中只有5000余吨得到回收。回收后的废电池尽管有一部分长期保存在政府的回收箱里，而大部分被转运到位于北海道的日本唯一的废电池处理厂。1988年，利用这个民营设施的市町村有850个，回收废电池5300吨。

当前废电池的回收率仍然不足10%。町田市的委员会还提出一个建议，作为从根本上改变这个现状的突破口，那就是采取押金制。他们在上述报告中称："现已证明，废电池之类的废弃物，只要回收，其资源化处理完全可以纳入企业自负盈亏的轨道，消费者购买这类商品时应支付50日元的押金（或称环境净化费、返还保证金）。"目前，以空罐为对象的押金制已经在全国20多个场所实施，但只局限于旅游景点等特定区域。若想广泛推广到府县城市和首都圈，乃至全国遍地开花，则非常困难。与其相比，干电池的生产、流通和销售渠道不像罐装饮料那么复杂，而且体积小，规格统一，具备导入押金制的良好条件。

### 府中市的回收系统
——在电器商店和市属公共设施等215个场所设置回收箱。市长与商会签署备忘录，市民交来的废电池和废灯管，电器商店有义务回收。

押金制作为废电池的回收方法是最合适的，但来自业界的反对意见也在意料之中，若想落到实处并不简单。

另一方面，1985年6月，全国已有2552个市町村向报废的干电池发起挑战，将废电池的分类回收作为环卫作业的一环，而受到本书前面提到的厚生省"安全宣言"的影响，截至1988年6月，这个数字为2098个，减少了454个。另外，也有不少市町村即使没有发展到停止分类收集的地步，但在实际上也已经形同虚设，这导致了电池回收业绩始终不见提高。

不过，也有部分地方政府一如既往，始终坚持回收行动，仙台和广岛便是其中的典型。而下面要给大家介绍的事例出现在东京都的府中市（人口21万）。

府中市将报废的干电池、日光灯管、体温计列为"有害垃圾（含汞物）"。在市属公共设施、聚会场所和电器商店等单位的配合下，安放了有害垃圾专用回收箱，派车前来回收，每月一到两次。其中，与电器商店合作时，东京电器商会府中支部还与市长共同签署备忘录（1984年），凡府中市民交来的家庭生活中报废的干电池和日光灯管，电器商店有义务回收。另外，市政府基本上每月一次，上门回收由电器商店保管的这类有害垃圾。

就这样，府中市在电器商店和市属公共设施等总共215个场所设置了回收箱，1989年回收废电池36吨，日光灯管26吨，总共取得62吨的回收成果。1988年度，有害垃圾（市政府向市民发放的宣传册上也是这么称呼的）的处理费为922万日元，每吨平均15万日元，市政府的方针是宁可付出高一点的成本，也要妥善处理和重复利用这些有害物。

与上述事例形成对照的是，许多大城市却躲在"安全宣言"的避风港下，固执己见地坚持认为没有必要对报废的干电池和日光灯管进行分类回收。实际上，如果整个东京能够尝试推行府中和仙台的做法，估计年回收量可达1000吨左右。这种方式一旦系统化，按照循环资源研究所的村田德治的预测，有可能突破2000吨。这个预测回收量一方面说明含汞有害物的问题应当彻底解决，另一方面也在告诫正在设法实现垃圾减量的东京都政府，这个数字绝不是可以随意抹掉的小数。

**物尽其用**
——三鹰市有个名叫"二叶会"的消费者团体，四年里总共测量了回收后的17573节电池，其中有5478节，也就是31.1%的电池没有用完就被扔掉了。

说到干电池，回收和利用废电池固然重要，还有一个比这更重要的问题：不知有多少干电池尚未用完就被扔掉。

三鹰市有个名叫"二叶会"的消费者团体，自1984年以来，这个团体定期从市属环保中心和消费者中心的回收箱里抽取出几十节、几百节废电池，用仪器测量其残留电量。说白了，就是调查那些被人丢弃的干电池中还有多少能够继续使用。据说在1988年9月以前的四年里，他们总共测量了17573节电池，其中有5478节，也就是31.1%的电池没有用完就被扔掉了。比如放在录音机里电力不足的电池，如果放在石英钟里还可以继续使用。

# 5 废塑料的处理方法

**废塑料的处理现状**
——部分地方政府已经意识到对废塑料简单采取焚烧和填埋的处理方法不妥。只要满足数量条件，废塑料甚至有能力还原为石油。

如果再让我举一个与废电池命运相仿的例子，恐怕该轮到废塑料了。废塑料只要与其他垃圾一起混合处理，便凸显其有害的一面。如果将其与其他废弃物分而治之，收集到一定数量，不仅可以得到妥善处理，甚至重复利用的可能性也不可低估。只要满足数量上的条件，废塑料甚至有能力还原为石油。目前在这方面已经有若干先例，比如只需把大型超市里大量产生的发泡苯乙烯包装箱收集起来，粉碎后融解，便可使其成为可重复利用的原料。

相反，即使研发出依靠微生物吞噬或日晒自然分解的新技术，在废塑料与其他异物相混的状态下也难以发挥作用，这在过去的年代里也不乏其例。另外，如果让废塑料与异物混杂在一起，采取一视同仁的处理方法，其结果要么焚烧后转换成热能加以利用，要么经过粉碎、压缩等前期处理，将其填埋，除此以外别无选择。目前，全国各大城市均处于这种状态，东京、名古屋等城市已经将废塑料纳入分类收集体系，但也没有达到与其他分类垃圾分别进行处理的程度。

但是，也有为数不多的地方政府已经意识到对废塑料简单采取焚烧和填埋的处理方法并不妥当，他们首先在收集时将废塑料与其他垃圾分开，经过融解固化乃至粉碎等中间环节的特殊处理之后再进行填埋，或者加工成小块作为燃料重复使用。以姬路市为例，该市一度将废塑料分类收集，处理成小块后重复使用，因而名声在外，遗憾的是没有坚持到底。据说导致半途而废的最大理由是亏损。

## 高知市向废塑料发起挑战
——让居民把废塑料长时间存放在家里很不现实，他们显然已经把废塑料和湿垃圾混在一起了。所以，政府收集的湿垃圾中有14%—15%是废塑料。

还有一例是高知市，该市满怀热情，对废塑料的处理采取史无前例的新行动。直到最近，高知市（人口31万多）仍然坚持实施以下的分类收集方式。

①湿垃圾　　　　　　　　　　每周两次

②不可燃垃圾、大件垃圾　　　　　每月一次

③资源垃圾　　　　　　　　　　　每月一次

④含汞废弃物　　　　　　　　　　每月一次

在这种四分法的安排下，当地居民和东京人一样，需要按照指定日期将废塑料与②的不可燃垃圾和大件垃圾一起排放。但是，②的垃圾每月收集一次，让居民把体积不小的废塑料长时间存放在家里很不现实，生活中他们显然已经把废塑料和①的湿垃圾混在一起了。所以，在市政府收集的湿垃圾中有14%—15%是废塑料。

这么一来，废纸和废塑料的量急剧增加，远远超过处理焚烧设施的设计能力，导致当局惴惴不安，担心焚烧能力不足，超负荷运转影响焚烧设备的安全。在这种背景下，湿垃圾减量，尤其是废塑料处理便成为迫在眉睫的最大课题。

### 星期三是塑料日

**——在不添人力和物力的前提下，把每周三设为"塑料日"，彻底解决了废塑料与其他垃圾相混的难题。**

然而，高知市政府知难而进，大胆创新，决心让废塑料与不可燃垃圾和大件垃圾彻底分家，重新设计了一个专门收集废塑料的日子，而且每周收集一次。这个新办法自1988年6月开始在市内三个示范区试行，结果皆大欢喜。新办法让排放废塑料的日子增加到每周一次，居民乐于接受，试行期间居民们的热情超乎预料。根据试行开始数月之后的调查（市消费者协会主办，示范区的302名居民参与），其中有195名（占65%）居民对新的分类收集方法"没有反感"。有279名（占92%）居民认为今后可以按照新办法继续做下去。

在示范区内试行的这个新办法效果良好，市政府决定在全市普遍推广，但是有两个问题需要解决。

一是分类收集后的废塑料如何处理。如果将其直接送入焚烧炉的话，就失去了分类收集的意义。如果直接填埋，又会不可避免地给市政府关于保证填埋造地地基稳固的方针带来负面影响。

于是，市政府决定引进一套融解固化设备，将废塑料的体积压缩到三、四十分之一。不仅如此，市里还在积极探讨让废塑料的重复利用在不久的将来变成现实的可能性。

二是新办法的实效离不开成本核算。关于这一点，高知市在实践中也摸索出一套巧妙的方法。具体说来，厨余垃圾的收集是每周两次，他们把全市一分为二，即周一和周四、周二和周五这两个区域，结果星期三轮空。这么一来，把每周的星期三定为专门收集废塑料的日子，现有的人员和车辆基本够用，即便增加也能够控制在最小限度内。

于是，高知市将每个星期三定为"塑料日"，这一天在全市范围只收废塑料。这个主意得到了市政府职员工会的理解和配合，他们利用现有的器材和人力解决了废塑料的收集问题。1990年1月24日星期三，"塑料日"正式启动，如图15所示，全市开始实施"五分法"的垃圾收集方式。

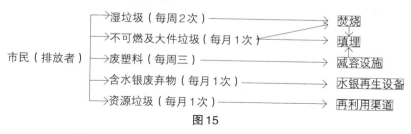

**图15**

高知市建立的新型废塑料收集系统，其独特的创意在全国3000余个市町村里，尤其是人口超过30万的中等城市里屈指可数。另外，图15所示，1988年，高知市在报废的干电池和日光灯管等含汞废弃物的回收上也取得了72吨的好成绩，同时在资源垃圾的收集方面，纸类、布类、空瓶、废玻璃以及易拉罐和废金属等，通过废品回收公司等单位每月回收一次，其数量在1988年度已经高达6831吨，约占湿垃圾收集量10万4100吨的6.5%，其垃圾的资源化程度在全国范围内遥遥领先。

# 6 资源再生与社会福祉相结合

### 资源再生与城市建设
**——让资源再生活动成为团结邻里关系，共建美好家园，推进文明城区建设的重要一环。**

对于资源再生在垃圾减量和资源化处理，人们期待的是眼见为实的效果。其实，它的意义不止于此。许多事例表明，作为文明城区建设和社区居民活动的一环，开展环保活动还明显具有团结邻里关系，共建美好家园的特征。社区里的儿童们也可以通过参加儿童会等团体开展的环保活动，学到许多有关资源和垃圾方面的知识，而老年人在垃圾站的日常管理上更是发挥着不可替代的作用。

因此，目前在全国范围内，把资源再生的环保活动作为文明城区建设和丰富社区居民生活重要一环的地方政府正在增加。东京都东村山市（人口13万多）从三四年前开始开展"让废品重生，建快乐家园"的活动。最近，资源垃圾筛分场（资源再生中心）建成启用。这个中心的特色在于筛分作业是由生活在该市的智障者和肢残人士完成的，形成"社会福祉与资源再生相结合"的活动机制，资源再生事业成为残疾人参与社会的平台之一。这种事例在埼玉县的桶川市、千叶县的船桥市和名古屋市（前两个市的做法与东村山市没有区别，而名古屋市的筛分作业列为就业培训所的业务之一）也可以见到。下面具体介绍东村山市的经验。

### 鼓励残疾人参与
**——让残疾人团体提前介入，聘用残疾人从事垃圾筛分作业，为残疾人搭建参与社会的平台。**

如今的东村山市正在全市范围内实施瓶罐分类收集的方式。为了将这些瓶罐垃圾筛分回收，该市专门成立了资源再生中心。市政府在启动时就决定请社会福利团体协办，将筛分作业交给残疾人完成。为研究落实具体的运作方式，该市还特意成立了一个委员会，多数委员是从市内残疾人团体中选聘的。

保证残疾人从事筛分作业成功的前提条件是向残疾人团体详细介绍市里开展资源再生活动的理念和目的，以及作业场所的设计和运作、筛分作业的流程等残疾人的工作内容和作业环境，充分征求他们的意见。否则，也许会因为理由不够充分而引起社会各界对残疾人参与资源再生活动的非议，有强迫残疾人从事垃圾筛分劳动的嫌疑，或者出现筛分场的布局和设备不适合残疾人使用等弊端。

在这些问题上，东村山市通过专门委员会让残疾人团体提前介入的做法值得赞赏。东村山市还有值得特书一笔，那就是旨在"社会福祉与资源再生相结合"的组织形式对各类残疾人没有设限，尽量超越残疾类别，争取把所有的残疾人都团结在资源再生中心周围，形成分工合作的理想格局。基于这个思路，该委员会把肢残者、智障者及精神病患者的团体都吸收了进来。

但是，这里面仍然存在不少困难。三个残疾人团体之间对残疾的认识并不一致，他们之间存在各种利害冲突和对立关系，再加上行政方面的福祉机构在政策法规的执行上都是上通下达，致使各团体之间的横向沟通和相互理解不够充分。

**与社会福利事业相结合**

**——垃圾筛分场还设有开展残疾人就业培训和业余活动的多功能厅，残疾人在这里忘记身体缺陷，和睦相处，还有机会与前来参观的市民互动交流。**

这个筛分设施是1988年底竣工，1989年春天启用的。其后，这个设施作为一个小规模的就业培训场所，从东京都政府获得了财政补贴。楼房的一层是瓶罐筛分作业间，二层是办公室、休息室，三层是用于开展残疾人就业培训和业余活动的多功能厅。筛分方法易拉罐使用磁石，空瓶在传送带上手工挑拣回收。空瓶和易拉罐的筛分线分别配备4名残疾人，另有一人担任指导员，另外在作业间里还有市政府两名职员和老年人活动团体的4位老年人补充配合残疾人的工作。工作日是每周的周二到周五，一个月有16个工作日，劳动时间是上午10时半到下午三时，每小时的工资为400日元。

　　就这样，东村山市的这个资源再生中心打破了国家政策上条条框框的限制，超越残疾人团体之间历来存在的思想隔阂和利害冲突，肢残者、智障者以及精神病患者共同劳动，为自己在劳动中开始新的生活而欢欣鼓舞。大家在这里忘记了各自的身体缺陷，和睦相处，干得热火朝天，还有机会与前来参观的市民们互动交流。

# 第五章　垃圾问题、居民及企业

八尾市的清洁车　营造垃圾减量的环境氛围

车体的标语是：扔掉之前再检查一下，看看还能不能用！

# 1 垃圾处理收费制及其成本意识

**需要收敛的"行政服务"**

——预测垃圾量有可能增加时，行政当局势必加大财政投入。其实，最理想的投入莫过于出台一个让垃圾从500吨减少到400吨的政策。

在第二章里已经谈到垃圾处理在收集阶段是免费的，但是决不意味着没有成本，这类行政服务虽然是在为居民着想，现在却反而让企业有机可乘，同时也助长一次性产品泛滥成灾。如果事实果真如此，那么在真正意义上为民着想的行政服务应该采取怎样的行动呢？

进而言之，今后是否应当对"行政服务有求必应"的传统思路加以突破，努力抑制和减少所谓的"需求"呢？例如，预测到垃圾的收集量有可能达到500吨，行政当局势必加大对垃圾处理设施的财政投入。其实，最理想的投入莫过于出台一个让垃圾从500吨减少到400吨的政策。就这个角度来看，东京都和川崎市等地开展的"垃圾减量10%"行动的意义极其深远。

这种抑制行政服务过度的创新举措类似人们对人口老龄化问题的关注，为了满足疾病缠身和卧床不起的老人的需求，应当进一步完善医疗设施和敬老院的建设，其实，比这更重要的是从医疗保健和疾病预防入手，争取让老年人少得病、不得病。另外，这种创新举措与交通治理也有异曲同工之处。为了缓和道路拥挤状况，与其迫不得已多修路，不如加大对铁路等大运量公共运输工具的投入，严格控制机动车增加。

第五章　垃圾问题、居民及企业

**收费制的意义和效果**

**——如果采取垃圾收费制，消费者对一次性及过度包装等不利于环保的商品，有可能采取敬而远之的态度，从源头上实现垃圾减量。**

那么，如何控制行政需求的增加，如何控制垃圾的产生及其排放呢？我认为对垃圾采取有偿收集的制度可以产生立竿见影的效果。这里需要强调的是垃圾收费制有利于敦促那些"搭便车"的企业开展以旧换新、以物换物活动，节约使用一次性商品和包装。收集垃圾一旦收费，超市里通过滥用塑料托盘和塑料瓶所提供的所谓服务，就难以称之为服务了，消费者对一次性产品以及过度包装的商品，有可能采取敬而远之的态度。

还有，那些热心配合垃圾减量和资源再生的人和随意排放垃圾的人，他们在享受政府提供的行政服务上居然没有任何区别，这显然是不公平的。把空瓶退还给烟酒商店，把废品集中回收，做起来比较麻烦，但又不能采取强迫措施，既然如此，最公平的做法是区别对待那些不厌其烦地协助垃圾减量和资源再生的人和反其道而行之的人。实际上，退还空瓶就会得到10日元的现行措失还是将上述两种人加以了区分，但在垃圾收集的实际情况下，两种人的待遇几乎无任何差别。

收费制的作用颇具意义，其实际效果也值得期待，然而，除了企事业类垃圾和大件垃圾，目前对家庭垃圾也实行收费制的市町村极少。顺便说一句，与本州相比，采取垃圾收费制的市町村大多集中在北海道地区，截至1989年9月，在北海道的212个市町村中，实行收费制的也只有根室市、纹别市等29个，占到全体的13.7%。

相反，同属于环卫事业的粪便收集通常是收费的。其原因是收集粪便的抽粪车上装有计量器，便于计算重量，而收集垃圾过程中的计量十分繁琐，采取收费制以后难以对排放量进行精确计算。如果采取包月收费的办法，肯定会助长居民"反正已经交费了"的消极态度。与政府直接出面或委托专业公司进行的垃圾收集相比，许多市町村对粪便收集采取的收费办法是由特许经营者，即获准营业的公司直接向居民收取。

再就是我在第二章里论述过的，有不少"搭便车"的企事业类垃圾混在免费收集的家庭垃圾里，于是有人主张，垃圾收费应当先从企事业类垃圾做起。再者，新增或者调整收费的项目应该以条例形式公布施行，因而必须经过地方议会表决通过。而大多数议员恐其影响到自己将来的选票，所以对采取收费制的态度比较暧昧。

### 伊达市的试行办法

**——不使用收费专用袋的垃圾一律拒收。垃圾减量后节约的财政支出，市政府通过各种形式返还于市民。**

如此看来，在家庭垃圾的处理是否收费的问题上情况比较复杂。最近人们议论较多的是正在尝试对家庭垃圾实行收费制的伊达市。伊达市位于札幌西南，是一个只有3万5000人的小城。1989年7月，家庭垃圾收费制在该市获得通过，对居民排放生活垃圾收取部分费用，以达到垃圾减量的目的。据说刚开始的时候也遭到过部分居民的反对。

据市政府职员介绍，在实行收费制一年有余的今天，市里收集的垃圾比过去减少了32%。市民运动的领袖人物中村惠子女士对垃圾减量活动及其效果评述如下（载于《读卖新闻》1990年6月10日）。

我们的方针是实现垃圾零排放，将制造垃圾的产品拒之门外。我们的具体行动是自带购物袋，主动购买纸包装的、可回收的瓶包装等符合环保要求的商品，让厨余垃圾变为有机肥料，让资源垃圾得到回收利用。

通过锲而不舍的实际行动，垃圾袋里剩下的只有用于食品包装的塑料托盘了。因此，今年2月，我们向市内各大超市发出五条呼吁。

　　1. 研究使用托盘的必要性。2. 如有必要，应该使用符合环保要求的材料。3. 设置托盘回收箱。4. 对过分追求商品包装的消费者进行宣传教育。5. 各大超市联名向全国发信，呼吁全行业设法解决托盘问题。

　　结果出现了许多喜人景象，特别是我所在的居委会，垃圾减少到回收前的五分之一。我们用垃圾减量的收益为各户发放垃圾收费专用袋，效果非常明显。

　　中村女士说的垃圾收费专用袋，指的是可容纳40升垃圾的大号塑料袋，每个60日元，小号塑料袋每两个60日元。市里规定不使用收费专用袋的垃圾一律拒收。购买10个大号塑料袋，居民的负担是600日元。但是，就像上文已经阐述过的那样，垃圾处理费的大部分是市民缴纳的税金，这里只不过是把间接负担的那部分费用以收费的形式转换成直接负担。因此，通过这种直接负担的形式节约下来的部分财政支出，市政府以某种形式返还给市民。所以，如果算总账的话，收费制并没有让居民徒增600日元的负担。非但如此，如果把中村女士所说的垃圾减量所取得的惊人效果也计算进来，居民得到的实惠也许更多。

　　**尊重居民意见**
　　**——家庭垃圾是否收费，不妨采取居民投票表决的方式，寓教于乐，让居民有时间充分酝酿，借此提升居民对垃圾问题的关心度。**

　　中村女士的一番评述令人振奋，但是，收费制的采纳仍然不能免遭一些居民的反对。因此，地方政府在作出决定之前，应当向居民们公开说明垃圾收费与解决垃圾问题的关系，广泛征求意见，让居民对这项决定有一个正确的认识，他们一旦了解到这种做法的来龙去脉，一定能够积极拥护垃圾收费的决定。

　　如果几经周折收费制仍然难以落实，不妨尝试这种做法：地方政府的垃圾处理经费继续由财政支付，不要用垃圾收费的所得冲抵，而是将其全额返还给居民。比如用这笔预算外收入作为基金，用于鼓励和扶持居民或者行政部门与居民合作开展的有关垃圾与环保、建设宜居城市等宣传活动和公益事业。

笔者个人还有一个建议，实在不行就背水一战，采取居民投票表决的方式也不失为一种寓教于乐的鼓动措施。当然，决定权最终还是掌握在行政首脑和议会手里，但是投票表决的过程可以让居民有时间充分酝酿，进一步了解情况，提升居民对垃圾问题的关心度。那些因循守旧的思想和斤斤计较的习惯，很有可能在众说纷纭的大讨论中得到潜移默化的纠正。

**大阪市和八尾市的合作机制**
**——大阪市在八尾市无偿转让的土地上建设垃圾焚烧场，八尾市的可燃垃圾便可以就近实现"异地"处理。**

现在让我们把围绕收费制的讨论放在一边，再来看看在垃圾处理上需要投入的巨额资金，地方政府也总是不厌其烦地向居民提示这个问题。在东京，每吨垃圾的处理费已经高达4.3万日元，居民人均的年负担额是2.3万余日元，这就意味着一个四口之家的垃圾处理费有10万之多。除去垃圾处理工厂的建设费和土地费，政府每年也要为此支付100亿—200亿日元的巨额费用。居民有无成本意识，直接关系到他们对垃圾问题是否关心。我觉得这话说得没错，最好的例子就是大阪府八尾市的做法。

八尾市（人口28万）曾经一度有过与大阪市合并的规划。该市行政部门与市民在公共交通和居家养老等社会福祉方面已经建立起一套完整流畅的联动机制。垃圾处理上也不落后，早在1964年两市就签署了《关于大阪市·八尾市合作焚烧垃圾的备忘录》。其要点如下：

（1）大阪市在八尾市境内建设八尾垃圾焚烧场（日焚烧能力为450吨）。

（2）八尾市提供焚烧场建设用地并无偿转让给大阪市。

（3）八尾焚烧场由大阪市负责管理。从八尾市转运到该焚烧场的垃圾量暂定为每日100吨。

后来两市合并的计划落空，但双方签署的《备忘录》仍然有效，于是便出现了一种比较罕见的合作机制——八尾市的可燃垃圾不出市，便可在"异地"焚烧。另外还有一项内容在这份《备忘录》里没有涉及，八尾市的垃圾并没有享受免费焚烧的待遇，需要向大阪市支付焚烧处理费（包括残渣处理费），其付费标准目前是每吨1.49万日元。

## 成本意识和减量效应
### ——现金奖励开展回收活动的居委会、儿童会。

从垃圾减量和资源再生的角度来看，八尾市将垃圾"异地"焚烧处理时需要付费的做法同样具有深远意义。究其原因，对于八尾市来说，如果通过资源再生或者其他方式实现垃圾减量，那么，他们支付给大阪市的这笔委托焚烧费便可减少。如此这般，让垃圾减量的经济效益通过付费的多少表现得一清二楚，这种事例在其他地区尚属罕见。因为在一般情况下，即使垃圾量减少10%，清洁工和清洁车辆也不会立减10%的，成本节约效果并非显而易见。

我们再来进一步深入分析八尾市垃圾处理和资源再生事业的现状。首先是市里采取统一的分类收集方法，可燃垃圾每周两次（废塑料为可燃垃圾），不可燃垃圾每周一次，还有每月收集一次的大件垃圾。可燃垃圾全部转运到八尾焚烧场，不可燃垃圾和大件垃圾暂时运到垃圾粉碎场管辖的资源再生市场，在这里经过磁选机和筛分旋转台等设备进行人工筛分，把可以利用的废品分拣回收，剩余的废弃物大部分也送进八尾焚烧场。

按照备忘录的基本精神，八尾市转运到八尾焚烧场的垃圾量后来修改为每天150吨，而现在已经超过200吨。从大阪市转运而来的垃圾量约有150余吨。1989年度，八尾市支付给大阪市的委托费是11亿日元。

节省委托费的办法无外乎努力实现垃圾减量。转运到八尾焚烧场的垃圾每减少1吨，便可实实在在地节省14900日元。因此，市里始终积极组织开展垃圾减量活动，采用的具体办法有以下两个：

第一，集体回收活动回收有一定价值的废品，市政府给予奖励，目前坚持按照回收量的多少向居委会、儿童会等实施团体发放奖金，每公斤4日元。集体回收活动的业绩如表15所示，1989年参与集体回收活动的团体306个，作为一个人口28万的城市来说，这个数字相当可观。因此，各类垃圾的回收量也普遍增加，其总量每年已经接近8000吨。同是1989年度，该市向八尾焚烧场转运的垃圾量（普通垃圾部分）大约是7.4万吨，集体回收量所占的比率已经高达10.6%，这个业绩在全国也是出类拔萃的。另外，在经济上也为市里节约了1.17亿日元的委托焚烧费，扣除市里为集体回收团体支付的3100多万日元奖金，仍然节约了8500余万日元。

表14　废品的集体回收与委托焚烧费的节约情况（八尾市）

| 年度 | 实施团体 | 回收量（吨） | 奖金数额（千日元） | 焚烧委托费（日元/吨） | 焚烧委托费节约数额（千日元） | 奖金数额（日元/千克） |
|------|------|------|------|------|------|------|
| 1986 | 304 | 5946 | 11891 | 14600 | 86812 | 2 |
| 1987 | 306 | 6613 | 19839 | 14900 | 98534 | 3 |
| 1988 | 308 | 7077 | 21230 | 14900 | 105447 | 3 |
| 1989 | 306 | 7840 | 31359 | 14900 | 116816 | 4 |

第二，市政府收集的不可燃垃圾和大件垃圾，正如已经叙述过的那样，在粉碎场附属的资源再生市场得到回收。按照表15所列的内容，玻璃、废铁、废铝的合计回收量实际上占到不可燃垃圾和大件垃圾的61%，也取得了在全国名列前茅的好成绩。虽然市政府将市场上的回收作业委托给民企进行，但是，在市政府的指导下，从业人员尽可能多用老年人，目前在这里工作的几个职工都是由该市老年人机构派遣而来的。

表15 不可燃垃圾处理资源化设施（粉碎厂附设的资源再生市场 八尾市）

| 年度 | 不可燃垃圾转运量（吨） | 废玻璃（吨） | 废铁（吨） | 废铝（吨） | 再生资源回收量（吨） | 再生资源销售额（千日元） | 再生资源回收率（%） |
|------|------|------|------|------|------|------|------|
| 1986 | 5759t | 1098t | 1412t | 82t | 2592t | 30482 | 44.71 |
| 1987 | 5843 | 1000 | 1578 | 101 | 2679 | 40822 | 45.82 |
| 1988 | 5485 | 1002 | 1593 | 126 | 2721 | 39016 | 49.59 |
| 1989 | 5466 | 1349 | 1882 | 125 | 3336 | 41088 | 61.38 |

# 2 垃圾问题和居民意识

**居民高度关注垃圾问题**

**——可燃垃圾和不可燃垃圾分类排放，已经成为日常生活的行为准则，"按规定分类"者占83%，从心里拒绝将垃圾分类者只占1%。**

八尾市这样做让垃圾减量的实际效果清楚反映在财政预算的账面上，使得居民在知情后清醒认识到垃圾处理所支付的成本，进而有助于提高居民对资源再生的关注程度。在现实生活中有一点是不容忽视的：不仅在八尾市，普通日本人都在关心垃圾和资源再生问题，他们乐于奉献，对行政部门和各类市民团体组织的回收活动都愿意配合或者踊跃参加。

第四章里我们已经看到，在目黑区试行空瓶和易拉罐分类回收的示范区就是其中明显的一例，有八成居民希望这种环保方式继续实施。还有，这种状况的最新进展可以参照《读卖新闻》1990年7月进行的全国舆情调查（调查对象为全国250个地区的3000人[①]，有效反馈2113人，反馈率为70%），在这里将调查结果复述

---

① 均为20岁以上有选举权者

如下：

首先，对垃圾问题"比较关注"者占43%，"非常关注"者占41%，合计超过80%。其次，排放垃圾时将可燃垃圾和不可燃垃圾分开排放已经成为日常生活的行为准则，"按规定分类"者占83%，而从心里拒绝配合者只占1%，明显形成了关注垃圾问题者愿意配合分类收集，对垃圾问题漠不关心者拒绝配合的内在规律。在垃圾问题上不应一味强调企业和行政部门的责任，其问题的改善必须从自己做起。这种意识的有无已经成为人们能否自觉行动起来的标志。

这种居民意识的强弱也体现在垃圾处理工厂的建设上，有些人表示只要没有烟尘和异味等恶劣影响的话，他们还是愿意接受的，如果把这部分人也加进来的话，对工厂建设表示支持的人接近50%，而认为对环境产生的恶劣影响不可避免，所以表示反对的人占28%。目前在东京，JR（日本铁道公司）中野站前的公共地段内正准备招标建设垃圾处理工厂，人们在密切关注当地居民有何反应。但是，这项调查的结果表明，居民的"垃圾过敏症"并没有社会普遍认为的那么严重。

**支持"垃圾处理不出区"的原则**
**——支持"垃圾处理不出区"的人超过八成。本地垃圾被转运到异地处理后，近九成的市民对当地人感到"愧疚"。**

再来看一个更为极端的例子。在序章里提到过千叶市有部分湿垃圾转运到青森县田子町民营垃圾处理场。千叶市的垃圾异地处理在1989年5月被媒体曝光后，全国各地议论纷纷，《河北新报》于1990年3月以千叶市民为对象进行过一次民意调查。

调查结果表明，有84%之多的市民对垃圾问题表示关心，也有近80%的市民知道本市有部分垃圾被转运到异地。至于具体地点，超过半数的人回答为"田子町"或者"青森县"。由此可见普通市民对垃圾问题非常关心。

其中还有两项调查结果备受瞩目。

○垃圾应当在市内处理，应当尽量避免异地处理

| | |
|---|---|
| 是 | 82.7% |
| 不是 | 6.7% |
| 不好说 | 6.3% |
| 不清楚 | 4.3% |

○千叶市的垃圾运转到异地处理后，是否对当地人感到愧疚

| | |
|---|---|
| 是 | 87.0% |
| 不是 | 5.7% |
| 不好说 | 5.3% |
| 不清楚 | 2.0% |

这里所指的就是所谓"垃圾转运青森事件"。将600吨未经处理的湿垃圾转运到600公里以外的偏远地区，据说每天动用10辆载重为10吨的卡车，先后跑了一个月，仅此一点就让人怎么看都感觉不太正常。也许是无奈之举，可千叶市替当地人想过没有？眼睁睁地看着别人的垃圾被运到自己的家门口，心里是什么滋味？东京大学副教授桦山纮一指出，无论转运一方如何辩解，"将城市生活排泄物丢弃到遥远的乡村，这种想法本身说明了'城市人已经到达极限了'"（《千叶日报》1989年6月18日）。

但是从上面的调查结果得知，说"城市人已经到达极限了"，普通市民未非认同。因为支持"垃圾处理不出区"的人毕竟超过八成，垃圾被转运到异地处理后，市民中对当地人感到"愧疚"者竟然接近九成。

### "5%—10%的居民"

——还有5%—10%的人对垃圾管理规定熟视无睹，对居民配合垃圾分类收集态度冷淡，敷衍了事，乱丢乱放……

调查结果虽有令人满意之处，但是时至今日，无视垃圾处理和城市卫生、缺乏公共道德的行为屡见不鲜。常有个别人仍然没有养成不乱扔垃圾的习惯，在道路、公园和水面等公共场所乱丢垃圾。有些居民一听到家附近要建垃圾处理工厂的消息便大惊失

色，强烈反对。对清扫业持有偏见，看不起清洁工者也大有人在。看来，调查结果与现实之间肯定存在一定程度的距离。

尽管如此，笔者还是坚持认为舆情调查结果与现实情况最为贴近。其实，大多数居民非常关心垃圾的排放，愿意配合垃圾分类的收集方式，没有在公共场所乱扔空罐之类的劣迹。对垃圾问题表示理解的人越来越多，在垃圾处理设施的建设上，只要自己的条件被满足，大多数居民并不反对。

问题在于还有5%—10%的人对垃圾管理规定熟视无睹，对居民配合垃圾分类收集态度冷淡，敷衍了事，乱丢乱放，不注意保持垃圾转运站的清洁，致使公共场所的垃圾难以杜绝。

因此，我们在把握居民对垃圾问题的认识和合作等问题的时候，应当考虑少数居民的不良行为如何解决。这个问题与大多数居民无关，只有百分之几，但是在不主张推行强权政治和恐怖政治的今天，这类少数分子还会出现。行政部门也不要怨天尤人，应当不懈努力，尽量减少这种人的数量。更何况，正是以这种人的存在为前提，我们才更要努力构筑起垃圾处理和资源再生体系。

**居民意识中的企业责任**
——有53%的人认为大城市的垃圾处理用地已经捉襟见肘，企事业单位有责任为保障垃圾的正常处理而付出努力。

让我们再回到前面提到的《读卖新闻》所做的舆情调查结果上，还有一个非常有趣的内容，这就是关于消费者需求的调查。生产一次性产品和包装的厂家一口咬定，生产是因为有销路，原因在于消费者有这方面的需求，言外之意仿佛在说售后垃场原因不在我，要怪就怪消费者去吧！

可是，这项调查的结果已经表明，对垃圾问题表示关心的大多数人对大量排放垃圾的企业态度强硬。首先，对垃圾处理费的负担加重面露难色的人为超过半数的55%。他们认为，地方政府负责的普通垃圾之所以增加，是因为企事业类垃圾的增加势头大大超过家庭垃圾。所以他们主张，"企事业类一废"应当由企事业单位自行处理，如果由地方政府统一处理的话，也应该向企事业单位额外收费（见图16）。

在对待产业废弃物的排放上，也总共有53%的人认为大城市的垃圾处理用地已经捉襟见肘，企事业单位有责任为保障垃圾场的正常使用而付出努力。行政当局应当加大监管力度，对违章排放垃圾的企事业单位和垃圾处理公司进行处罚。

**人为制造的"消费者需求"**

——**酱油生产商声称，弃用玻璃瓶的原因之一是为了满足消费者的愿望，并且美其名曰：适应消费者的需求变化。**

一方面，企事业单位对自己应负的责任百般推卸，当垃圾增多需要他们多交处理费时叫苦连天。另一方面，消费者本身对垃圾、环境问题应负的责任采取满不在乎的态度亦不可取。请参照以下调查结果。

〇最近，部分企业不遗余力地开发销售有利于环保的产品，请问您会购买这种产品吗？

经常买　　　　　　　　11.3%

有时候买　　　　　　　33.4%

不买　　　　　　　　　16.2%

不知道有这种产品　　　34.5%

拒绝回答　　　　　　　4.6%

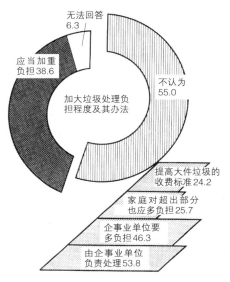

您是否认为应当加大对垃圾处理的负担程度？

无法回答 6.3

应当加重负担 38.6

不认为 55.0

加大垃圾处理负担程度及其办法

提高大件垃圾的收费标准24.2

家庭对超出部分也应多负担25.7

企事业单位要多负担46.3

由企事业单位负责处理53.8

数字单位为%，对"办法"的回答可多项选择。
据读卖新闻1990年7月30日

图16　关于垃圾处理负担的问卷调查

如此看来，消费者中愿意选择环保型、资源再生型产品和包装的人居多，这个人数将随着宣传效果的显现而逐渐增多。然而，企业方面所强调的是消费者对一次性产品的需求。这显然不是消费者的真实愿望，而是人为制造出来的。

比如说酱油瓶，近三四年，两升装的酱油瓶基本上被塑料瓶取代，早晚有一天，人们将永远告别可以反复使用的传统玻璃瓶。酱油生产厂家和塑料瓶行业强调不用玻璃瓶的原因之一是为了满足消费者的愿望，并且美其名曰：适应消费者的需求变化。对此，我们不得不画一个大大的问号。因为在多数超市里已经见不到一升以上玻璃瓶装的酱油，所以消费者想买也买不到，只好选购塑料瓶装的产品。在这种情况下，真正拥有选择权的是酱油厂和超市，而不是消费者。

# 3 企业的责任及其行动

## 企业与消费者的相互沟通
——鼓吹一次性产品畅销是因为"消费者需求"的论调，恰恰证明生产者和消费者之间缺乏必要的沟通。否则，不排除企业站在自己的立场人为制造"需求"的嫌疑。

前面说到企业在酱油瓶的选用上应负的责任和应有的表现，关键在于企业与用户即消费者之间的沟通。正如前面公布的调查结果所表明的那样，多数消费者更希望使用有利于环保、垃圾减量和资源再生的产品和包装。而鼓吹一次性产品畅销源于"消费者需求"的论调，恰恰证明生产者和消费者之间缺乏必要的沟通，否则，就前文说过的那样，这里面不能排除企业站在自己的立场人为制造"需求"的嫌疑。

## 健全企业的决策机制
——最近在世界范围内，人们要求保护环境的呼声日趋高

**涨，已经有企业率先成立专门应对环境问题的研究机构。**

其次是建立帮助企业决策的长效机制。与消费者关系密切的生产厂家如饮料灌装厂，应当设立一个专司研究消费者需求的业务部门。选调到这个部门的职员应当随时关注公司外部环境变化和垃圾问题的最新动向，经常参加企业、行业与消费者之间的座谈活动，对消费者的需求及行政部门的应对措施了如指掌，善于理解消费者的诉求。最近在世界范围内，人们要求保护环境的呼声日趋高涨，在这种形势下，已经有企业率先酝酿成立专门应对环境问题的研究机构。

但是，较之企业内阵容强大的生产部门和营销部门，负责联系消费者和研究环保问题的部门显得势单力薄。时至今日，仍有不少企业仅仅将这个部门定位在处理消费者投诉的窗口上。

处于这种状态下，负责与消费者沟通、解决环保问题的部门必须振作精神，打破公司的传统经营模式，为经营决策建言献策，对于来自生产营销部门的反对意见做到心中有数。同时，要想克服企业内的阻力，必须鼓足力量，在逆境中奋起，敢于发动一场"内部革命"。消费者团体、新闻媒体以及行政当局应当主动从外部造势施压，多做工作，为这个势单力薄的新兴部门站脚助威。

举个例子。某公司在1989年夏天，为满足消费者由来已久的愿望，将啤酒罐的拉盖儿由完全脱离式改为连体式（即开罐时不必将盖儿拉掉，而是按下），博得消费者的好评。其实，公司的这个决策就是在联系消费者的部门锲而不舍地反复争取下作出的。在座谈、对话等正面交涉的舞台上，消费者往往与他们势不两立，而在公司内部的决策过程中声援他们的，也是这些对环境和资源问题高度重视、在易拉罐问题上呼吁企业担责的消费者及广大市民。

另一方面，还有不少行业仿照饮料灌装厂和容器生产厂家的做法，成立了联系消费者、与环境保护有关的机构。这类机构从本行业的立场出发，围绕垃圾问题和资源再生开展宣传教育活动，发挥了一定的作用。不过，无论怎样，他们在向会员企业转达消费者和环保派市民的呼声，引导企业重视消费者意见的同时，更喜欢充当会员企业利益代言人的角色。

**产品自我评估体系**
**——企事业单位开发制造或引进新产品（包括容器）时，必须在地方政府的监督指导下进行评估，判断该产品废弃后的处理难度。**

第三是企业对商品和容器的自我评估。厚生省1987年12月颁布了《企事业单位对产品等废弃后处理难度自我评估的指导意见》，其要点如下：

(1)企事业单位制造或引进新产品（包括容器）时，需要对该产品的属性进行评估，判断该产品废弃后的处理难度。

(2)发现有难度时需要进行综合评估，观其在现有处理系统中能否处理，或者利用现有处理系统难以处理时能否找出新的处理办法。

(3)对于企事业单位的自我评估，市町村等地方政府应当做到有求必应，提出建议，进行指导。

(4)评估报告由企事业单位存档一定时间。企事业单位以此为据，平时努力关注产品废弃后的处理情况，必要时重新审查自我评估结果，乃至重新评估。

根据这个《指导意见》建立的"产品评估"制度是具体落实《废扫法》第三条第2项关于企事业责任之规定的一大进步，可圈可点。但是，《指导意见》将新产品的处理难度和应对措施等评估活动全部委托给企事业单位本身进行，基本上没有要求通过公共干预对企业加以制约，这等于放手让企事业单位对自己制造和销售的新产品进行自我制约。有了这个弱点，消费者并不指望企业自行做出的评估结果，除非估评过程出现严重的失误。

**独树一帜的瑞士Migros模式**
——从蔬菜、水果甚至到牙刷一律"裸售"，饮料限制为玻璃瓶装，化妆水只许销售简装的……所有部门"在生态保护方面都有自己应尽的责任"。

最近笔者在瑞士考察，发现那里的企业产品评估机制很有参考价值，在这里概括地介绍一下。

Migros公司（Federation of Migros Cooperatives）成立于1925年，是瑞士最大的零售商（食品和百货）、世界500强企业，旗下有700多家店铺，经营项目有食品超市、百货商店和专卖店。在瑞士，每两户家庭便有一户是Migros的会员，类似日本的生活协会。1985年制定的《Migros环境保护指导意见》中倡导的原则是：生态保护不仅是环境问题责任人和环境政策部门的事情，所有决策者在生态保护方面都有自己应尽的责任。

在Migros看来，环境问题不能仅依靠某个特定部门，它是生产部门、营销部门的管理层都应当关心、整个连锁店都应当面对的问题。

另外，所谓"在生态保护方面都有自己应尽的责任"，具体意思是什么呢？这就好比一种商品的包装，大家可以从以下几个侧面对备选的各种包装进行评估。

①保护商品。
②促进销售。
③提供关于成品、用途和生产厂家等信息。
④运输需要。
⑤物美价廉的效果。
⑥响应生态保护的号召。

至于其中的⑥，日本多数超市等商户恐怕都没有把销售食品时使用的塑料泡沫托盘和保鲜袋纳入评估项目，即便是已经纳入评估项目的企业也没有自觉与生态保护挂钩，尚未形成一种长效机制、落实"对生态保护方面都有自己应尽的责任"，因而负责环

125

保和消费者利益的部门力量仍然处于势单力薄的状态。

Migros还进一步独立开发"自我平衡"系统，作为落实"满足生态保护要求"的具体办法。在包装上，该系统强调备选的包装材料需要满足能源消耗、大气负荷、水力负荷以及固化处理等四个方面的指标，对其中的每一项都要认真计算，全盘比较和考量，从中选择环境负荷最小的包装材料。本着这个原则，Migros想方设法促进垃圾减量及其资源化。比如从蔬菜水果甚至到牙刷，拆去外包装箱以后，一律"裸售"。对于饮料容器基本限制在玻璃瓶上。拒售塑料瓶装化妆水，同一品牌的化妆水只允许销售塑料袋简装的，鼓励消费者购买以后装入家中原有的塑料瓶内使用（这样做可节省用于塑料瓶的花销）等。

类似Migros这样的大型连锁店实行环境保护型的经营方略，还有一层意义值得特别关注，这就是身为生产者和消费者之间的桥梁，大型连锁店如果在经营上不去迎合生产和销售的需要，而是自觉地把眼光放在环境、资源、垃圾问题上，将对生产者产生不可估量的影响。我们期待所有的连锁店都能够在自主经营中肩负起经营者的社会责任，同时发挥类似媒体的作用，把消费者的意见转达给生产厂家和行业组织。

### 高知市严控塑料泡沫托盘
**——绝大多数店主都认为"禁用泡沫托盘有利于节约开支，这条路走对了"。有的店主还主动把禁用托盘节省下来的开支让利给消费者。**

Migros的一系列做法在我国商品零售企业里也不是没有尝试，其中一例出现在高知市。1981年，市内百货店和批发市场接受生活学校的建议，双方就如何减少塑料托盘的使用反复协商，签署了《停止青菜水果托盘包装的呼吁书》。如表17所示，被列为禁用对象的品种达70个，其特点是禁用品种多，涉及范围广，所有百货店和大型超市都在《呼吁书》上签了名，自觉抵制泡沫托盘。一位带头人说："太令人感动了——大家在《呼吁书》上签字后，我们都情不自禁地鼓起掌来。"

这个感人瞬间已经过去10年，据说70个品种拒用托盘的承诺基本遵守到了今天。

## 表16　禁用托盘的品种

高知市，1981年

| | | |
|---|---|---|
| 白萝卜 | 紫甘蓝 | 带叶生姜 |
| 芜　菁 | 荷兰芹 | 芥末菜 |
| 胡萝卜 | 和　芹 | 温州蜜橘 |
| 牛　蒡 | 黄　瓜 | 夏　橙 |
| 竹　笋 | 菜　瓜 | 葡萄柚 |
| 莲　藕 | 南　瓜 | 蟹　橙 |
| 白　菜 | 茄　子 | 橙　子 |
| 山东白菜 | 柿子椒 | 苹　果 |
| 小油菜 | 秋　葵 | 鸭　梨 |
| 蒿子秆 | 扁　豆 | 柿　子 |
| 卷心菜 | 荷兰豆 | 梅　子 |
| 菠　菜 | 蚕　豆 | 板　栗 |
| 大　葱 | 毛　豆 | 银杏果 |
| 冬　葱 | 豆　芽 | 菠　萝 |
| 琉球蓝 | 甘　薯 | 香　蕉 |
| 蜂斗叶 | 土　豆 | 木　瓜 |
| 土当归 | 芋　头 | 芒　果 |
| 鸭儿芹 | 山　药 | 柠　檬 |
| 韭　菜 | 铁杆山药 | 猕猴桃 |
| 芹　菜 | 洋　葱 | 蜜　瓜 |
| 芦　笋 | 大　蒜 | 西　瓜 |
| 菜　花 | 薤　头 | 玉　米 |
| 莴　笋 | 生　姜 | |

1983年新增两种：野鸡冠、西芹

另外，从遵守承诺的行业看，绝大多数店主都认为"禁用泡沫托盘有利于节约开支，这条路走对了"。有的店主还主动把禁用托盘节省下来的开支让利给消费者。事实上用塑料袋和"裸卖"取代托盘后，超市的营业额几乎没有受到影响。

水到渠成，众望所归。高知生活学校1989年以500名市民为对象做过调查，如表17所示，高达82%的人回答，在蔬菜和水果中仍有可以去除托盘的品种，如西红柿、小辣椒和香菇等。事实上，起初这些蔬菜就引起过争议。由于这几种蔬菜的品质、形状特征以及农家种植和发货的具体情况，始终没有列入到禁用托盘的品种里。

无论是用还是不用，我们都希望让其他城市里那些以"离不开托盘是因为消费者有需求"为借口的业界人士知道，这里生动体现了消费者群体的环保意识。

另外还有鱼类、肉类和酱菜等，托盘和保鲜袋的组合包装已成主流，这类塑料包装禁止起来有一定困难（见表17），要求这类食物也做到无托盘、无保鲜袋出售的人只占10%—20%。说起来，Migros经营的超市也和日本一样，只有肉类和鱼类几乎都是塑料包装的。

**表17 不需要托盘和塑料包装的品种**

|  |  | 人数 | % |
| --- | --- | --- | --- |
| 第1位 | 蔬菜水果 | 389 | 82 |
| 第2位 | 干　果 | 214 | 45 |
| 第3位 | 鱼　类 | 97 | 20 |
| 第4位 | 肉　类 | 54 | 11 |
| 第5位 | 腌制食品 | 48 | 10 |
| 第6位 | 副食类 | 34 | 7 |

· 有人的回答里还包括豆腐、糕点等

· 发放对象500人，回答者476人，回收率为95.2%

第五章　垃圾问题、居民及企业

·引自高知生活学校《关于托盘·塑料包装的抽样调查结果》1989年1月15日至2月15日

## 东京的入店调查
——由消费者团体组成的"有害垃圾思考联络会"，在长达15年的时间里坚持深入商店调查研究……

表18　青菜水果销售时的包装状况

|  | 泡沫塑料托盘及保鲜膜 | 纸盘及保鲜膜 | 无盘塑料袋或保鲜膜 | 无包装或临时盘装 | 其他塑料容器 | 合计 |
|---|---|---|---|---|---|---|
| 西红柿 | 376 | 214 | 86 | 85 | 99 | 869 |
| 鸭儿芹 | 359 | 23 | 333 | 114 | 2 | 862 |
| 扁　豆 | 291 | 66 | 211 | 3 | 77 | 683 |
| 荷兰豆 | 283 | 55 | 212 | 17 | 100 | 704 |
| 生　姜 | 282 | 43 | 207 | 20 | 102 | 682 |
| 莲　藕 | 155 | 43 | 492 | 7 | 12 | 739 |
| 日本芋头 | 153 | 52 | 472 | 20 | 3 | 716 |
| 苹　果 | 129 | 32 | 435 | 277 | 66 | 994 |
| 大　蒜 | 96 | 30 | 250 | 65 | 16 | 704 |
| 芋　头 | 87 | 14 | 479 | 8 | 84 | 705 |
| 土当归 | 84 | 15 | 385 | 94 | 12 | 714 |
| 白　薯 | 64 | 14 | 593 | 43 | 6 | 733 |
| 红芜菁 | 46 | 15 | 108 | 135 | 6 | 663 |
| 茄　子 | 43 | 15 | 616 | 13 | 7 | 701 |
| 黄　瓜 | 42 | 7 | 603 | 86 | 16 | 754 |
| 柿子椒 | 38 | 17 | 616 | 3 | 8 | 697 |
| 胡萝卜 | 36 | 10 | 630 | 11 | 12 | 708 |
| 蜜　瓜 | 33 | 12 | 107 | 286 | 52 | 633 |
| 牛　蒡 | 23 | 9 | 577 | 21 | 5 | 648 |
| 毛　豆 | 20 | 4 | 46 | 11 | 5 | 662 |
| 洋　葱 | 17 | 9 | 509 | 24 | 7 | 754 |
| 蜜　橘 | 14 | 9 | 270 | 30 | 7 | 664 |

续表

| | 泡沫塑料托盘及保鲜膜 | 纸盘及保鲜膜 | 无盘塑料袋或保鲜膜 | 无包装或临时盘装 | 其他塑料容器 | 合计 |
|---|---|---|---|---|---|---|
| 土 豆 | 10 | 9 | 623 | 9 | 10 | 683 |
| 白萝卜 | 4 | 10 | 245 | 513 | 10 | 800 |
| 南 瓜 | 3 | 8 | 563 | 81 | 15 | 700 |
| 合计 | 2688 | 774 | 9668 | 1958 | 739 | 18172 |
| 比率% | 14.8 | 4.2 | 53.2 | 10.8 | 4.1 | 100 |

·除包装形式外，还有网兜包装，本表省去了调查时店铺尚未上货的品种。

·本表由有害垃圾思考联络会提供。

那么，东京的情况怎么样呢？由消费者团体组成的"有害垃圾思考联络会"，通过长达15年的时间里坚持在店头调查研究，与行业人士协商对话，以求解决青菜水果的塑料包装问题。1990年3月，以东京都内（包括多摩地区）的887家百货店、超市和行业组织为对象进行了一次入店调查。

表18的调查结果表明，对于西红柿、鸭儿芹、扁豆等品种，只要有决心，完全可以最大限度地采取简装形式，做到"裸卖"或者临时装盘出售，目前已经有几家"优秀店"这么做了。然而整体看来，托盘和塑料膜的使用仍然十分普遍。调查报告称，相关数据与1988年的调查结果相比没有改善。

# 第六章 实现废弃物零增长

瑞士Migros超市里"裸售"和袋装的果蔬

# 1　资源再生事业宗旨的历史变迁

### 6个时期的划分

——"爱惜物品"既是我们民族的传统美德，也是为当年贫困生活所迫，而用现代语言表述便是勤俭节约、爱护资源。那个时代以赚钱为目的的废品回收也等于变相鼓励资源再生。

江户时代以来废品和垃圾再利用的目的（宗旨），大致归纳为表19。

**表19　时代变迁与资源再生活动的目的（东京）**

| | 爱惜节约资源 | 垃圾处理（环卫事业）的成效 | | | | 社区交流和城市建设 | | 经济效益 | 资源再生的国际合作 |
| --- | --- | --- | --- | --- | --- | --- | --- | --- | --- |
| | | 节约填埋地 | 妥善化处理 | 处理人员 | 削减垃圾 | 与居民协商 | 职员参与 | | |
| 江户时期 | ○ | | | | | | | ○ | |
| 明治—大正 | ○ | | | | | | | ○ | |
| 昭和—战前 | ○ | ◎ | ◎ | | | | | ○ | |
| 战后—石油危机 | ○ | ○ | | | | | | ○ | |
| 20世纪70—80年代 | ○ | ◎ | ○ | | | ◎ | | ◎ | |
| 1990年—21世纪 | ◎ | ◎ | ◎ | | | ◎ | ◎ | ◎ | ◎ |

表中标有○者表示该目的性一般，标有◎者表示该目的性较强，没有标记者表示该目的性不强，或者完全没有。再次重申，以下论述的废品重复利用和资源再生活动，不限于行政部门，也包括民间团体或公私合营发起的活动。

## 第六章　实现废弃物零增长

### 江户时期

在江户时期，垃圾清运者将收集到的垃圾分为燃烧类、肥料类和金属类，分别纳入各自的再利用渠道。垃圾清运者的目的是为了赚钱（经济效益），与其将垃圾直接运到幕府指定的填埋场，不如将其中值钱的废品卖给澡堂子、农户和铁匠铺。不仅如此，"爱惜物品"既是我们民族的传统美德，也是为当年贫困生活所迫，而用现代语言表述便是勤俭节约、爱护资源，我觉得那个时代以赚钱为目的的废品回收也等于变相鼓励资源再生。

### 明治时期到大正时期
**——东京市开始全面接管垃圾收集作业。但垃圾的回收利用还没有成为政府环卫事业的一环付诸实施。**

1900年（明治33年）制定的《污物扫除法》确立了市町村负责环卫事业的法律依据。不久，东京市也开始全面接管垃圾收集作业。但在当时，垃圾的回收利用还没有成为政府环卫事业的一环付诸实施（清洁工从垃圾中挑拣出值钱的废品，私下赚钱的现象较为普遍），垃圾的再利用主要依靠废品回收商和居民团体进行。与江户时期相同，民营的废品回收业以盈利为主要目的，但其结果却为节约资源作出了贡献。

### 昭和时期到二次大战前
**——青年应征入伍，汽油供应紧张，为使环卫事业尤其是粪便收集得以维系，大幅度减少垃圾势在必行，政府主导的废品回收活动深入人心。**

进入昭和时期后，资源再生事业的活动宗旨开始与地方政府管理的环卫事业相融合。

正如第一章里论述过的，在市川房枝等人的感召下，东京市为了解决垃圾焚烧场的"黑烟"问题，从昭和6年（1931年）起着手对厨余垃圾和混合垃圾进行分类收集，对厨余垃圾尽可能采取还原于农村的方针,并且选择适当时机在深川建立了垃圾发酵堆肥场,这种尝试既达到了利用厨余垃圾(肥料化)的目的,也避免水分较大的湿垃圾直接进入焚烧炉,为实现真正意义上的垃圾妥善处理迈出了可喜的一步。

其后进入昭和10年(1935年)之后,市政府主导的废品回收活动深入人心,与市属环卫事业的合作更加密切。第一章里说过,在青年工人应征入伍,汽油供应紧张的严峻形势下,为使环卫事业尤其是粪便收集得以维系,大幅度减少垃圾数量势在必行。

**战后到石油危机**
**——所有垃圾一律焚烧的思想占据上风。1961年,东京宣布进入"垃圾战争状态",焚烧场和填埋用地告急,政府开始关注垃圾减量问题。**

战后不久开始恢复的地方政府垃圾处理事业,缺乏对垃圾再利用的认识,倒卖废品的主要都是平民百姓。值得一提的是,在垃圾减量和资源再生还没有引起地方政府足够关注的情况下,日本已经进入经济高速发展时期,如同"垃圾是文化的晴雨表"一样,垃圾增多也证明经济发展和文化生活水平在不断提高。

说起这个时期的垃圾处理方式,在各地陆续有能力添置机械焚烧炉的条件下,所有垃圾一律焚烧的思想占据上风。在垃圾收集方式上,当局取消按户收集和分类收集的办法,实行混合收集,全部集中到"现代化"的垃圾处理工厂里进行焚烧处理。但在昭和46年(1961年),东京宣布进入"垃圾战争状态",焚烧场和填埋用地纷纷告急,从这时候起,政府开始关注垃圾减量问题。

**20世纪70—80年代**
**——1973年第一次石油危机爆发后,资源紧张问题凸显,一场节约资源、节省能源的运动在全国范围内展开。**

其后的昭和48年(1973年)第一次石油危机爆发,资源紧张的问题凸显,一场节约资源、节省能源的运动在全国范围内展开。

## 第六章 实现废弃物零增长

我们再把目光转向地方政府的环卫事业。理应称为"现代化"堡垒的垃圾处理工厂，却在建设用地上屡遭居民反对，迟迟不能开工。在城市化和房地产开发的浪潮中，全国各地垃圾处理场在土地征用上愈发困难，更何况即使现代化处理设施落成，所有的垃圾也不能不分青红皂白地统统烧掉。于是，将不可燃和不宜焚烧的垃圾尽可能与可燃垃圾分类收集、区别处理的呼声越来越高。进而在各地的中小城市，人们对可重复利用的废品是筛分回收，还是按照资源再生的渠道分类收集，以及如何延长垃圾处理场使用期限等关注迅速升温。

这么一来，资源再生事业除了继续以节约资源爱护资源为目的，还要通过废品的回收利用促进垃圾减量。对于许多地方政府来说，这样也解决了垃圾处理设施落后、处理场用地不足而需要延期使用等问题，因此它成为政府的一项重要战略任务。

从另一个角度来看，通过开展新型的资源再生活动，还可以为政府职员参与环境治理、与居民共建城市以及交流互动创造更多的机会。这种局面也出现在民营垃圾处理公司和废品回收公司的经营上。资源再生活动的开展，正在改变人们对环卫业整天和一钱不值的废物打交道的老印象，日趋成为美化社区生活、优化居住环境和现代化城市建设的主要环节。

### 1990年到21世纪

——未来资源再生活动的宗旨应该是促进环境治理和资源保护的全球化。比如将废纸溶解固化后制成炭棒运到非洲，让当地游牧民充作燃料，可以有效阻止土地沙漠化。

资源再生事业萌生并成长于昭和50年代到60年代（1975年—1989年），其意义无处不在，在未来的21世纪里将越发显得重要。

一方面是废品回收在经济效益上的发展前景。资源再生事业需要有相当的费用支撑，有人从经济方面、进而又从涉及环境的社会支出着眼，对其未来命运忧心忡忡。但是，这种看法略带片面性，对此后文将做论述。

另一方面，今后资源再生活动的宗旨应该是，通过开展此类活动促进全球化环境治理和资源保护。为此，在国内推行垃圾处理和资源再生的基础上加强国际合作。再者，考虑到再生资源容易导致国内市场出现供大于求的局面，而在发展中国家又完全可以作为宝贵资源加以利用，所以，不断探索国际合作的可能性，意义极为深远。比如被发展中国家用作造纸原料的废纸也许供不应求，再比如将旧报纸溶解固化后制成炭棒运到非洲，让当地的游牧民充作燃料，还可以有效阻止土地沙漠化。

## 2　资源再生事业的前景

### 处理成本与资源再生

——必须将垃圾处理和资源再生全面理解为一个整体。一方面需要认真进行成本核算，另一方面在"资源再生"的过程中也要避免出现得不偿失的现象。

基于上述几个方面的理由，图17描绘出未来21世纪的垃圾妥善处理·资源再生事业的政策走向。

这里需要强调的是，必须将垃圾处理和资源再生全面理解为一个整体。理化学研究所的槌田敦在《资源再生文化》创刊号上进一步论证了其重要意义：

资源再生事业方兴未艾。在这种形势下，本人对资源的有效利用和环境保护方面的"效果"仍然抱有疑问。比较典型的事例是废铁，收集废铁需要动用资源，将其重复利用也要耗费资源，更何况生产出来的铁锭在品质上还不如从铁矿石中直接提炼，这么做究竟算不算资源的有效利用。因此，一方面需要认真进行成本核算，另一方面在"资源再生"的过程中也要避免出现得不偿失的现象。

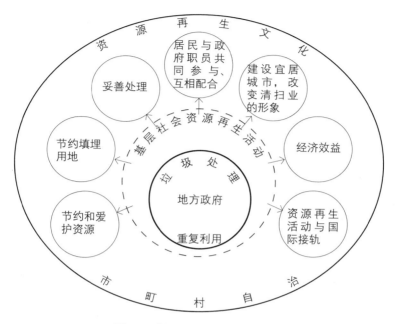

**图17 资源再生事业的政策走向**

但是，正如槌田指出的那样，需要对有效利用废铁的得与失进行"认真核算"，假如被他的担忧不幸言中，又将导致怎样的结果呢？未经回收的废铁只能作为废弃物收集处理，这个过程又该支付多少费用，这个问题我们已经反复论证过了。（但是，槌田的本意也是不能撇开对一次性用品生产结构本身的改革，空谈资源再生。笔者对于这一点也颇有同感。）

总之，假设得不到重复利用的废品大多只能按垃圾处理的话，在核实资源再生的"效果"时，应当把垃圾处理的成本也计算进来。从这个意义出发，对资源再生和垃圾处理的成本核算统筹兼顾，继续加大对总成本的关注显得尤为必要。如果在民间资源再生活动中因为每吨出现1000日元亏损而被舍弃的废铁，在政府接管后需要付出高达三四万日元的处理成本，结果是捡了芝麻丢了西瓜。解决这个问题，核算资源再生的"效果"，应该整合公共层面和民间层面的力量，实现两者对接，统一行动。京都大学副教授、经济学者植田和弘也曾指出，市场机制和公共部门的断开状态——分断型社会体系，应当纠正，实现综合化。他所指的其中就包括垃圾处理与资源再生的整体性。

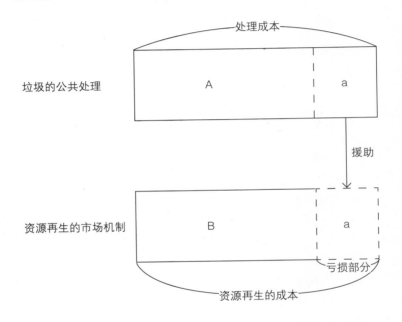

**图18 资源再生活动的亏损与公共处理**

　　这个问题可以简单归纳为图18。谁都清楚，民营的资源再生市场机制总是希望经营活动尽可能在B的核算框架内完成。假如1吨废纸出现a的部分亏损，如果将其与垃圾收集后转由公共处理的做法进行比较，行政方面即使对a部分给予补贴，仍可以节省A部分的处理成本。只是这个a部分的补贴未必只体现在金钱上，在垃圾存放场所的无偿借用等方面也同样见效。何况还有其他途径，比如a部分，甚至A部分的支出都可以按照PPP（污染者负担的原则）的相关条款，通过收取处理费和行政赋税的方式转由企业或者相关行业负担。

## Recycle(资源再生)文化城市

——爱惜物品，暂时无用的物品或以其他形式焕发生命，或妥善回归自然，将"物归原主"的规则定位为城市文化的要素之一。

那么，现在让我们再回到图17上，思考面向21世纪的垃圾处理和再利用的资源再生事业政策走向。图中的7个圈就是表19中看到的未来资源再生事业的宗旨。

连接这7个圈的基础概念便是资源再生文化和居民自治。其中提出的Recycle文化，十多年前笔者参与编纂的《町田市资源再生文化中心废弃物综合处理系统基本计划报告书》是这么解释的：

"Recycle文化城市"——这个含有外来语的新名词听起来时髦，给人的印象又很阳光。那么，它的含义是什么呢？（中间省略）所谓"Recycle文化"，指的是"爱惜物品，在生活和活动过程中暂时无用的物品，以其他形式使之继续存在，或者妥善回归自然的社会机制以及市民为此而付出的努力"。（引自《町田市资源再生文化中心废弃物综合处理系统基本计划报告书》1979年版）

按照这份报告书的思路还可以做进一步的解释。古往今来，人类与其他生物共享自然，繁衍生息。但到后来，人类的生活和行为与其他生物相比渐渐出现了不同。人类利用大自然赐予的能源和资源改变了自己的外部生存环境，懂得了物质享受，渐渐掌握了创造物质的行为——从事生产活动的技能。结果，人类以生产——消费这种行为为主，从自然中独立出来（亦可称之为"人类生态系统"），创出一片人为的物质世界。

如今，"人类生态系统"的物质世界已经发达到部分地凌驾于自然生态系统之上的地步，这一现实正在通过废弃物和污染物的排放，肆无忌惮地污染和破坏着自然生态系统，导致天然资源渐趋枯竭。

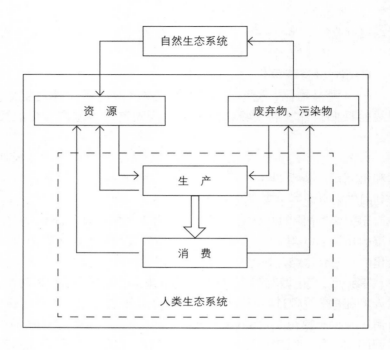

**图 19　生态系统与废弃物**

　　该报告书还指出，环境遭到污染破坏，天然资源日趋枯竭，这种现象的出现完全归咎于人类从自然中攫取资源并且在使用后将其随便丢弃到"驴唇不对马嘴"的地方。为了防止这种事态继续扩大，我们有必要让使用过的每一件物品做到"物归原主"，这才是"资源再生"的本质所在。于是，"Recycle 文化城市"这个口号的内涵就是：将"物归原主"的规则定位为构成城市文化的要素之一，使其在社区建设和城市建设中不断释放出正能量。

**"物归原主"**

　　——让废弃后的每一件物品实现"物归原主"，这才是资源再生的本质所在。将资源性垃圾纳入分类收集的集体回收轨道，

**使其起死回生，再次转化为资源。**

　　但是，这个思路的适用范围也不能一概而论，每个城市都有自己所能承受的最大限度，尤其是生产活动阶段的方方面面对企业的制约和奖励，更多的时候不得不从客观实际出发，寻求一种全国层面的鼓励政策和制约机制。而产品转到消费层面以后，这种思路在所谓"物归原主"上所能发挥的作用应该是巨大的。因为妥善处理垃圾，使其重返自然，将废品及资源性垃圾纳入分类收集的集体回收轨道，就能够使其起死回生，再一次转化为资源。另外，许多地方政府从侧面扶持市民开展丰富多彩的资源再生活动，积极策划和尝试多种形式的宣传活动，让广大市民关心资源再生，增强自觉性。在城市层面和都道府县的行政层面上，对生产活动也应充分行使相应的职能，比如敦促企业能否考虑与消费者联手，推进包装合理化和电器商店的废电池交换活动，促使各企事业单位将自己的垃圾彻底减量，充分回收等。

　　作为一个城市，在"物归原主"上还面临着一个今后愈发困难的问题，这就是很难在本地区物色到垃圾填埋用地。从塑造资源再生文化城市的良好形象来说，不言而喻的理想原则应该是就地解决，应当在本区域内确保废弃物处理设施的建立和运转。

**为垃圾"跨区处理"创造条件**

**——垃圾处理用地跨区求援的状况大有蔓延之趋势，是不得已而为之的实际问题，但这里至少应该具备三个附加条件。**

　　通过行政联合办事处运作的垃圾处理工厂和垃圾填埋场的建设和运作，已经得到市民的普遍理解，只是在具体的运作过程中，由于现行制度导致行政联合办事处和居民之间的相互沟通不够得力，有些问题尚待解决。另外，垃圾处理场用地跨区求援的状况大有蔓延趋势，这也是不得已而为之的实际问题，但是，这里至少应该具备三个附加条件。

　　一是有害物和不宜填埋的垃圾绝对不能转运到其他区域。

　　二是接收方的地方政府原则上应该征得当地居民的同意，否则不得允许外地废弃物运进，同时对填埋用地的处理作业进行监管，进而在填埋后的土地用途等方面，建立有居民代表参与的决策机制。

三是跨区转运的地点应当公开透明，同时，在转运方和接收方的政府及居民之间开展交流互动活动。

**居民自治的保洁活动**
**—— Recycle文化城市的形成依靠的是居民自治乃至城市自治，绝不是国家统一政策所能实现的。**

然而，还有一个基本概念支撑着垃圾处理和再利用，这就是居民自治的因素。环卫行政部门一直以来都被认为是地方自治中典型的领域之一。从现实情况来看，彼此相邻的行政区，却在垃圾收集和处理或者再利用的机制上大相径庭，这种事例不胜枚举。这种多样化的机制证明国家对市町村自治的干涉是有限的。而那些先进的、个性化活动非常活跃的市町村，肯定有一大批工作热情、努力创新、常以惊人气魄勇于构筑一个机制上优于其他市町村的职员，有一批发挥领导作用，支持和鼓励这些职员的领导干部和社会名流，更有一大批以各种形式积极配合和踊跃参与行政部门开展活动的居民。

Recycle文化城市的形成依靠的是居民自治乃至城市自治，绝不是国家统一政策所能实现的。这里，一方面要求国家和县政府在具有普遍性的、全国性的问题上深入研究解决办法，另一方面，政策的基本作用说到底，必须为市町村的"保洁自治"撑腰。同时，居民身为地方自治的主体，不仅是行政服务的受益者，更应该加强自己的自治意识，其中包括经费的负担意识和社区活动的参与意识。

## 3　丰富多彩的资源再生活动

**努力提高再生资源的回收率**

——再生资源回收率的提高得益于分类收集、集体回收和草纸交换等日本独特的资源再生体系，对于世界各国的高度评价，我们受之无愧。

让资源再生活动丰富多彩，当务之急是开展各种形式的回收活动，让废品和垃圾"物归原主"。目前，主要容器的回收情况如表20所示，其中铝制易拉罐的回收率1987年是41.5%，1988年是41.7%，而1989年是42.5%，虽然略有提高，但始终没有达到50%的水平。另一方面，不锈钢易拉罐的回收量虽有增加，但其回收率也多年徘徊在30%的台阶上。原因在于回收量的增加赶不上生产量的增加。这个比率在1988年终于超过了40%，1989年上升到43%。另外，碎玻璃的利用率（生产新瓶时碎玻璃的利用率）已经达到了1986年的55.2%和1987年的54.4%，而在1988年和1989年再次跌破50%。同样是因为回收率的增加不及生产量的增加，其利用率本身在最近的四五年里也已经到了顶点。

表20　主要容器的回收状况

| 容器 | 生产量 | 回收量 | 资源再生率 |
|---|---|---|---|
| 不锈钢罐 | （1989年）134万吨 | 58.1万吨 | 43.5% |
| 铝罐 | （1989年）14.8万吨 | 6.3万吨 | 42.5% |
| PET塑料容器 | （1988年）8.5万吨 | 不明 | 1%以下 |
| 纸袋（纸质容器） | （1988年）22万吨 | 不明 | 1%以下 |

（续表）

| 容器 | 生产量 | 回收量 | 资源再生率 |
|---|---|---|---|
| 一次性玻璃瓶 | （1988年）<br>185万吨 | 115万吨 | 碎玻璃<br>使用率<br>47.6% |
| 重复使用玻璃瓶 | （1988年）<br>55万吨 | | |

再说废纸，近几年的回收率略增，1989年是1196万吨，由于纸张的生产量也在增加，其回收率如图20所示，跌破了50%大关。其实，和其他再生资源一样，日本的废纸的回收率始终高于欧美各国。1988年，日本为47.9%，相比之下，瑞典为42.0%，法国34.2%，美国30.3%。

如此之高的回收率得益于分类收集、集体回收和草纸交换等日本独特的资源再生体系，对于世界各国的高度评价，我们受之无愧。然而，另有50%的废纸，大部分被当作垃圾处理掉了，而且就其数量而言，由于日本是世界顶级的纸张消费大国，我们不应因此而沾沾自喜，固步自封。

废纸的再利用率（废纸在造纸原料中所占的比率）在最近几年里也勉强停留在50%左右，造纸业最近提出的目标是将其提高到55%。因为再利用率的提高是扩大废纸回收量必不可少的方法之一，今后这方面的动向值得关注。

**行政扶持措施**

**——如遇回收成本增高或再生资源价格下跌，导致民间回收活动濒于流产时，还希望行政方面采取有效措施，对居民义务回收活动和相关民企给予扶持。**

因此，首当其冲的课题之一是如何进一步提高再生资源的回收率。

如果遇到回收成本增高的情形，或受日元升值冲击再生资源价格下跌，导致民间回收活动萎靡不振的时候，我们寄希望于行政方面采取有效措施，对居民组织的义务回收活动和废品回收公司给予适当扶持，本书就其意义已经有所论述。

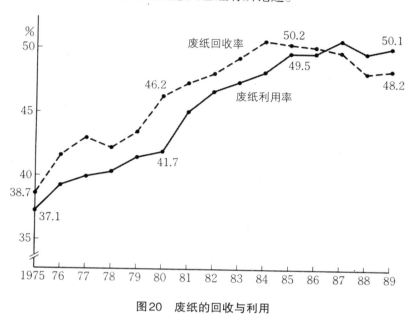

图20　废纸的回收与利用

　　这几年，给义务回收团体拨付补贴（奖金）的地方政府迅速增加，据经济企划厅调查，1987年度全国655个市里有96%的627个市采取了集体回收方式，其中有195个市建立了财政补贴制度。多数地区对废品回收公司的扶持，通常在调查其经营状况的基础上，考虑采取在其营业期限内试行货币以外的补贴办法，如促其合作化，无偿提供废品存放场地或房屋等。东京也是如此，从事资源再生业的民间特许经营者明显减少，尤其是走街串户用废纸换草纸的活动一时锐减30%。面对这种困境，不仅是地方政府，国家也应当加大对民间回收活动的支援力度。

## 从地方政府做起
　　——名古屋市环境事业局在市内16个地点设回收活动站，

**鼓励居民把易拉罐、牛奶盒等送来，接收后在回收册上盖章，积累到一定数量后赠送图书券。**

其次是希望从地方政府做起，以完善民间废品回收为目的，积极地通过实行分类收集和建立资源再生中心的方式对垃圾进行筛分回收。前面已经说过，从全国市町村的总数来看，落实资源再生活动的地方政府勉强占到全国的10%，但是，如果仅限于市级行政区的话，1987年度开展资源再生活动的市则占到全部655个市的70%，即453个市。1980年，地域交流中心曾经以全国647个市为对象进行过调查，结果，当时开展资源再生活动的市有328个，占51%，而这几年新启动资源再生活动的市已经超过100个。所以，尽管废纸换草纸等民间回收渠道不畅，但整体回收量并没有受到影响，这也是其中的原因之一。目前应当进一步改善回收方式，以提高回收量，同时，希望那些尚未开展回收活动的市立刻行动起来，尤其是大城市。再次重申废品回收型的环保活动如果在大城市开展不起来，继续提高各类废品的回收率就是一句空话。

这一点正如第四章里说过的那样，资源再生活动丰富多彩的创新和尝试正在不断粉碎"大城市难办"的主观臆断。名古屋市负责环卫业的环境事业局开展的实验活动就是最新出现的一个典型事例。该局在市内16个地点设有自己的资源再生活动站，1990年6月开始启动，号召居民主动把易拉罐、牛奶盒送到活动站，而且数量不限。活动站接收后在回收手册上盖章，注明废品数量，积累到一定数量后赠送图书券。彻底改变了回收公司不积攒到一定数量不予回收的做法。名古屋市政府的做法大大方便了那些组织居民参加牛奶袋和易拉罐回收活动的社会团体。

**扩大再生资源的用途**
**——废纸和空瓶回收业频频"告急"，经营者之所以叫苦不迭，不是因为没有废纸和空瓶子可收，而是苦于回收后找不**

**到下家。**

提高回收量和回收率固然是摆在地方政府面前的一个重要课题，但是如果反过来思考，市场对再生资源的需求如果不见增加，废品回收的意义将不复存在。从1989年到现在，废纸和空瓶的回收业频频"告急"，经营者之所以叫苦不迭，不是因为没有废纸和空瓶子可收，而是因为收集后找不到下家。

对于今后资源再生事业的发展来说，这个问题不亚于再生资源如何回收，回收量如何增加等老问题，不仅不亚于，而且更为严重。等于说煞费苦心回收的再生资源如何有效利用，如何扩大再生资源的市场需求的问题已经迫在眉睫。

以回收废纸为例，分析与此相关的政策，主要有以下几点体会：

一、扩大以废纸为原料的再生纸和纸质包装的需求量。目前大家已经习惯使用再生的复印纸，还可以将再生纸的利用范围进一步扩大到笔记本和中小学教科书上。在可能的情况下，将报纸原料里废纸的占有率从现在的30%—35%再提高一些。

二、让废纸的利用方法多样化。废纸不仅能够化为造纸原料，还可以经过固化用作燃料。

三、提高废纸本身的质量。为此，从印刷阶段使用的油墨，到装订阶段使用的浆糊，每一个环节都要为优化废纸的品质着想。在回收阶段需要格外注意，不要与其他类型的废纸混在一起。

四、前面已经说过，要大胆推进废纸再利用的国际化，在大幅度提高废纸需求的同时，为全球大规模节约天然资源和保护环境作出贡献。

五、广泛开展宣传活动，改变人们对废纸的偏见，让资源再生事业深入人心。最近这方面的情况已经有所好转，但是仍有不少人一方面对回收废纸非常热心，而另一方面却又对利用废纸生产的草纸怀有抵触情绪。

六、应当解决体制运行中存在的缺陷。例如JIS（日本工业标准）的使用范围至今仍然只限于使用100%的处女资源生产的产品。

让"活瓶子"继续存活的政策

——"容器战争"火药味越来越浓,可重复利用的"活瓶子"与PET塑料瓶、易拉罐、纸制包装的市场份额之争日渐白热化。殊不知,选择容器应该是消费者的权利。

那么,可重复利用的空瓶,其命运又如何呢? 可以反复使用的空瓶子也被人们俗称为"活瓶子",一升容量的"活瓶子"濒于"灭绝",其原因就是前面说过的已经被塑料瓶取而代之,其替代速度之快,如图21所示。如今,垃圾减量和资源再生的重要性已经成为街谈巷议的热门话题,可是,一次性容器肆意横行这个令人不满和叹息的现象在现实生活中随处可见。

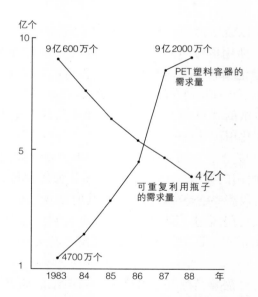

图21 从可重复使用的1升玻璃瓶到塑料容器的转化

现在,"容器战争"的火药味越来越浓,可重复利用的"活瓶子"、一次性瓶子、PET塑料容器、不锈钢易拉罐、铝制易拉罐,还有纸制包装,等等,它们之间的市场份额之争已经到了白热化的程度。殊不知，选择容器应该是消费者的权利，这一点不会有人唱反调吧！

　　但是，第一，正如前文反复论述过的，在"容器战争"中连连获胜的厂商和饮料灌装厂已经习惯以"消费者需求"为借口，实际上，准确反映"消费者需求"的机制并未形成。

　　第二，有人肯定要跳出来大唱反调：是否"畅销"便可判断出"消费者需求"。可是站在买方立场上，那些一次性使用的商品未必是因为消费者喜欢所以才购买，更多的情况是有人剥夺了消费者选购其他容器的权利。

　　第三，越是市场份额增加的容器越是带有一次性使用的特征，而处理时发生的费用几乎全部由地方政府负担。顺便介绍一下，据有人测算，收集和处理容量为一升的塑料瓶，其费用平均每个55日元。相反，如果商店回收"活瓶子"的话，不会给地方政府增加一分钱的负担。如果说市场竞争的胜负取决于容器的选择，那么，把垃圾处理和环境美化的成本包括在容器的价格里让消费者选择，那才是真正意义上的市场竞争。

　　从以上三个方面思考，对于一次性使用、"搭便车"享受垃圾处理的行政服务、扔到野外又污染自然环境的容器，是禁止、限制，还是收费，已经到了采取果断措施的时候了。植田和弘副教授所说的公共部门对市场机制的干涉——分断型社会体系的综合化，确立市场竞争的公正性，从这三个方面也说得通。

　　这类政策的出台必须等待国家根据问题的性质所做回应，如果看不到希望的话，就像前文论述的那样，地方政府出面采取垃圾收集收费制也不失为良策。这么一来，就会迫使厂商把一次性容器产生的垃圾推到消费者一边，把收费制带来的负担强加到消费者头上，于是，提供一次性容器就不再是厂商为消费者着想的服务了。

# 4 通往废弃物零增长的道路

一张处方

——垃圾"削减10%"的目标意在削减未来预测量的10%，而"垃圾零增长社会"是将垃圾量的控制目标定位在零增长上，使其增加量与人口增加保持一致。

本书以东京都最新开展的垃圾减量行动，即6年后（1996年）将垃圾预测排放量减少10%的目标为主线，列举了与其相关的各种问题。然而早在13年前，当时的专家们已经为垃圾减量问题开出了一个下手更狠、用药更猛的处方，这就是1977年综合研究开发机构和三菱综合研究所共同整理的报告书，题为《构筑废弃物零增长社会的可行性》。东京都垃圾"削减10%"的目标意在削减未来预测量的10%，因此，如同图10所示，即使实现这一目标，就垃圾本身而言，其数量同样会有所增加，而"垃圾零增长社会"的提法顾名思义，是将垃圾量的控制目标定位在零增长上（其增加量与人口增加保持一致）。

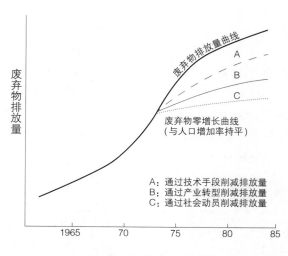

图22 废弃物的零增长

## 第六章　实现废弃物零增长

图22描绘的是实现零增长过程中逐渐控制废弃物（含产业废弃物）发生量的时间表，为了按时完成这个任务，需要经过两个阶段：①拒绝生产潜在废弃物（Potential Waste），即使用后沦为废弃物的物品；②已沦为废弃物的物品尽可能回收利用和减量。为了达成以上目标要做到：A. 采取技术措施；B. 进行产业调整；C. 争取社会响应。不过，按照这个思路向前推进的过程中，还将遇到的一个课题——完善政策法规，具体内容如表21所示。

### 市场作用的局限性
——民营企业及整个行业追求的是效率和利润的最大化，对待垃圾减量和资源再生也不例外。在公共政策和法律法规尚不健全之时，我们不应对其抱有太大希望。

图22所示的"废弃物零增长"行动当初是以1973年为启动日期进行规划的。其后，垃圾增长来势凶猛，仿佛是对这项研究成果的一种讽刺。1973年正是第一次石油危机发生的那一年，随后的几年间，经济活动陷入低谷，垃圾增长的曲线亦趋平缓，再到后来，就像我们所看到的这样，垃圾增势不减，尤其是企事业类垃圾，一直持续猛增到今天。

假设"废弃物零增长"行动按照表21这张处方得以兑现，肯定会收到不同凡响的效果，只可惜当初几乎没有实施的可能性。付诸实施的前提条件是必须形成一个与其相符的公共应对态势，而当时的公共对策明显处于滞后状态。

民营企业及整个行业所追求的目标是效率和利润的最大化。对待垃圾减量和资源再生也不例外，无论开发多么先进的技术和系统，从经济角度来看，如果无利可图，他们根本不会自觉自愿地行动起来，积极采用新技术。所以，在公共政策和法律法规尚不健全，无法促使民营企业及整个行业从经济层面、技术层面以及社会层面上积极应对的时候，我们不应对民间方面自觉自愿为实现"废弃物零增长"而努力抱有太大的希望。

垃圾与资源再生

**表21 垃圾减量的对策**

| | | |
|---|---|---|
| 潜在废弃物的控制 | 经济方面 | 产业措施——产业结构转换、本地一次加工、PPP的原则 |
| | | 商品措施——产品的废弃物分级化 |
| | 技术方面 | 创新设计思路——生产过程的封闭回收系统<br>可再利用容器类的开发 |
| | | 减少原生产单位——提高纸张·纸浆的原料使用效率 |
| | | 延长使用年限——严格控制产品的更新换代 |
| | | 更新外观和性能——产品轻量化、小型化<br>容器类销售单位的大型化 |
| | | 统一产品规格 |
| | 社会方面 | 多种用途化——如空瓶用作花瓶等 |
| | | 重复利用 |
| | | 杜绝多余物品——如过度包装、杂志和报纸的折页广告等 |
| | | 杜绝浪费——如本册类、草纸类 |
| | 法规方面 | 健全行政法规——完善旨在资源再生的法律、法规 |
| | | 调整税收措施——广告税、对一次性容器的课税 |
| 废弃物的减量化 | 经济方面 | 对资源再生化产品的经济援助——稳定废品,再生资源化产品的价格;建立废品存放处 |
| | 技术方面 | 就地处理——在发生源就地处理,集中处理 |
| | | 废弃物的减容化——压缩、固化和再利用废弃物 |
| | | 再生资源化——能源的回收,物资回收 |
| | | 研发处理技术 |
| | | 废弃物的再利用——工厂内,工厂之间的再利用<br>废弃物信息中心(工厂之间)<br>废弃物交换中心(本地区内) |
| | 社会方面 | 居民的配合——贯彻落实分类收集 |
| | | 公共收集或——废弃物处理收费制采取个别征收<br>民营企业收集方式 |
| | | 对超过一定量的废弃物收费 |

引自《构筑废弃物零增长社会的可行性》

第六章　实现废弃物零增长

　　针对这种状况，国家从这一两年开始紧锣密鼓地制定出台了一系列相关政策。厚生、通产、环境、经企、农林水产以及大藏和邮政等政府部门，以及政府外围的事业团体都已经行动起来，对垃圾和资源再生问题积极调研，所起草的报告里包括调研结果和政策建言。尤其是在废弃物处理上负有重责的厚生省正在准备全面修改《废扫法》，通产省制定的方针也在很大程度上充实了有关资源再生的政策。

　　另一方，随着垃圾问题越来越严重，来自国会和政党层面的关心也空前高涨。在野党对资源再生法的制定颇为关注，1990年，市民代表、消费者组织与自民党以及超党派的国会议员直接对话，并且连续三次举行前所未有的集会活动。

　　这种动向能否开花结果，将会形成怎样的公共政策和法律法规，尚需一定时间，人们也在拭目以待。但是，在目前情况下可以说清楚的是，图23所示的旨在垃圾减量和资源再生而在经济、技术和社会方面提出的各项举措，倒是在其后的各种场合常被人引用，反复探讨。现在的问题是仅靠自由竞争和市场作用，这些举措难免付诸东流，应该出台一些公共政策，用以弥补自由竞争和市场作用的局限和缺陷。如果高屋建瓴的行动纲领和公共政策长期处于缺位状态，这些举措也许就像那份搁浅的"零增长"报告书一样，无功而返并且失去存在的意义。

### 垃圾问题的解决任重道远

**——垃圾减量和资源再生未必是解决垃圾问题的王牌，更不是紧急情况下的救援牌。举国上下，必须形成一个科学填埋型、自然回归型、用地填埋后有效利用型的垃圾终端处理体系。**

　　试想有朝一日垃圾"减量10%"行动和"零增长战略"大功告成，但是由于人口的不断增加，垃圾依然来势汹汹，不降反升，那么由此看来，垃圾减量和资源再生的努力未必是解决垃圾问题的王牌，更不是紧急情况下的救援牌。因为所谓"减量10%"或"零增长"，换句话说，它意味着还有90%的垃圾今后依然会大摇大摆地走出来，垃圾猛增的态势本身并没有从根本上得到解决。

　　既然如此，当务之急是如何把垃圾处理业之基础的环卫业做大做强，尤其要确保终端的垃圾处理场用地。在这方面上，国家必须积极尝试，把保障垃圾处理用地列为国土资源利用计划的重要组成部分，广泛宣传，举国应对。但是，这种设想决不意味着允许单方面向外转嫁垃圾。因此，未来新建的异地垃圾处理场一定要以接收地的政府和居民参与为先决条件，形成一个不折不扣的科学填埋型、自然回归型和填埋后有效利用型的垃圾终端处理体系。

　　有了如此宏伟的目标，垃圾的回收利用不要说10%，将有20%甚至50%的垃圾不再是垃圾，而是资源。同时我们还必须进一步努力，让那些在回收利用的渠道中未能解决的垃圾不仅能够得到妥善处理，而且还要将其纳入能源回收和空间回收的轨道。于是，我们一定能够在今天的日本，在今天的这个世界上，最终建立起一个名副其实的、让"废弃物"彻底归零的社会体系。

# 后 记

时下的所谓垃圾问题，可以用下面这个比喻加以诠释。填埋场匮乏的局面从10年前，不，从20年、30年前就已经显现，但是当时大家都还有地可用，所以从容不迫。从容到好比自己怀里揣着一张10万日元的定期存单，所以在急着用钱的时候，临时向朋友借1万也未尝不可。但是今非昔比，无论海边还是陆地，再也找不到一块可以填埋垃圾的空地了。于是，大家不得不到处奔波，寻找处理垃圾用地。这就好比家里的存款已经用光，不得不硬着头皮出门借债一样。

不过，本书的目的不在于探讨如何才能借到钱，而是想尽力摸索出一套完整的垃圾处理系统和协调机制，让大家在日常生活和工作中尽可能"少借钱"乃至于"不借钱"。随着对垃圾产生的控制、减量和重复利用这三大举措的落实，我们对自然、环境和资源的索求一定能够减到最少的程度。虽然本书的目的紧扣在垃圾减量和资源再生上，但是，如果全面观察当今的废弃物问题，就不难发现本书对其他方面存在的若干问题尚未论及。

首当其冲的无疑是产业废弃物问题，这里面包括有害性、爆炸性和感染性相当高的工业废弃物、医疗废弃物以及放射性废弃物等。

另外，日本实行的有关垃圾处理的一系列规定和标准曾经是世界各国中最严格的，但是正如平山直道先生（千叶工业大学教授、废弃物学会会长）曾经常指出的那样，其后来的应对措施未必到位，反而在有些方面落后于欧美。例如日本目前仍然没有出台有关控制废气排放中重金属含量的规定，据说如果照搬西欧部分国家的控制值来衡量日本垃圾处理工厂废气排放的现状，合格的工厂不多。

再者，垃圾问题如今已经成为全球性的问题，一些国际刊物上甚至出现"世界垃圾大战"的骇人说法（美国《新闻周刊》日文版，1989年11月30日发行）。因此，各国的垃圾处理和资源再生活动现状，对我们来说深远意义，而且颇有参考价值。

在本书中没有论及的这部分内容和问题，一定希望各位读者参阅其他文献来弥补。

在本书搁笔之时，我想对在数据资料的提供上协助我的所有人士表示由衷的谢意。尤其是美山俊久先生、内藤机先生等东京都环卫局的各位同仁，始终给予我特殊关照，而我却在论述东京都政府对环卫行业的行政管理时常常出言不逊，多有得罪，心存愧疚。国学院大学的高木钲作教授就有关战前和战时环卫部门的状况给了我非常宝贵的指导，此外，我也忘不了二十多年前时任川崎市环卫局的工藤庄八局长对我的关怀。当时我希望利用一个月的暑假期间到该局学习城市保洁方面的专业知识，他爽快地答应并且在局里为我准备了一套桌椅。

在策划出版本书之初，责任编辑佐藤司先生嘱咐我一定出一本好书。而我当时信心不足，不知道自己能否让他如愿以偿。现在我总算通过了他的严格"审判"，说实在的，心里真有一种如释重负的感觉。

# 参考文献

### 垃圾问题的历史

柴田德卫:《日本的清扫问题》，东京大学出版会，1951年。

林玲子:"近世尘芥处理"，《流通经济论集》，1977年。

东京都清扫局:《清扫事业的步伐》，1977年。

川添登:《内部看到的都市》，NHK BOOKS，1982年。

反对巨大垃圾岛联络会编:《垃圾问题的焦点》，绿风出版，1985年。

沟入茂:《垃圾百年史》，学艺书林，1988年。

### 垃圾、资源再生问题

押田勇雄编、太阳系研究所小组著:《都市的垃圾循环》，NHK BOOKS，1975年。

综合研究开发机构、三菱综合研究所:《废弃物零增长社会的可能性》，1977年。

山村德太郎:《从一个空瓶子开始》，日本经济新闻社，1979年。

小泉晨一:《空瓶子的回收革命》，资源再生文化社，1982年。

谷口知平编:《向"随手乱扔"文化挑战》，行政，1983年。

吉村功:《垃圾和都市生活》，岩波书店，1984年。

《现代的垃圾问题》(全五卷)，中央法规，1982—1985年。

石泽清史:《垃圾学》，再生文化社，1985年。

西村一郎:《再生垃圾的生命》，联合出版，1986年。

中野静夫、聪恭:《破烂的故事》，资源再生文化社，1987年。

目黑区资源再生事业恳谈会：《关于目黑区资源再生事业的基本状态》，1987年。

总务省：《基于废弃物处理、再利用的监察结果的意见与报告书》，1987年。

High Moon：《Gomic 废弃物》，日报，1987年。

濑户山玄：《东京垃圾袋》，文艺春秋，1988年。

首都圈废弃物对策协议会：《关于首都圈一般废弃物（垃圾）处理长期展望的问卷调查结果》，1988年。

清洁日本中心：《致力于建设废弃物妥善处理社会的讨论报告书》，1989年。

东村山市：《东村山市舒适再生型城市计划》，1989年。

全国都市清扫会议等：《关于妥善处理棘手废弃物的调查报告书》，1989年。

目黑区区民部：《空瓶、铝罐分类回收基本计划》，1989年。

田中胜、高月弦：《医疗废弃物》，中央法规，1990年。

环境省编：《实现环境友好型生活的方法》，1989年。

村田德治：《废弃物的简单化学》（全三卷），日报，1989—1990年。

松田美夜子：《世界上出色的垃圾朋友们》，日报，1990年。

日本资源再生网络编：《地球环境时代的都市建设和资源再生》，资源再生文化社，1990年。

末石富太郎：《城市能够住到何时》，读卖新闻社，1990年。

河北新报报道部：《东北垃圾战争》，岩波书店，1990年。

本田雅和：《和巨大都市垃圾战斗》，朝日新闻社，1991年。

中村正子：《垃圾问题怎么办》，拓植书房，1991年。

厚生省水道环境部编：《废弃物处理法的解说》（最新版），日本环境卫生中心。

厚生省水道环境部：《日本的废弃物处理》（最新版）。

## 住民参与、住民运动

寄本研讨会:《围绕居民参与和地区政治的"垃圾政治学"》,1977年4月。

森住明弘:《垃圾、污水和居民》,北斗出版,1987年。

寄本胜美:《自治的现场和"参与"》,学阳书房,1989年。

井手敏彦:《垃圾公害未完成交响曲》,协同图书服务,1990年。

GOMI TO RISAIKURU
by Katsumi Yorimoto
©1990, 2011 by Mitsuko Yorimoto
First published 1990 by Iwanami Shoten, Publishers, Tokyo
This simplified Chinese edition published 2014
By World Affairs Press, Beijing
By arrangement with proprietor c/o Iwanami Shoten, Publishers, Tokyo

**图书在版编目（CIP）数据**

垃圾与资源再生 /（日）寄本胜美著；滕新华、王冬译.—北京：世界
知识出版社，2014. 11
　ISBN 978-7-5012-4785-1

　Ⅰ. ①垃… Ⅱ. ①寄… ②滕… ③王… Ⅲ. ①垃圾处理—资源利用—
经验—日本 Ⅳ. ①X705

　中国版本图书馆CIP数据核字（2014）第274067号
　著作权合同登记号：图字01-2014-3965号


丛 书 名　阅读日本书系
书　　 名　垃圾与资源再生
作　　 者　［日］寄本胜美
译　　 者　滕新华、王冬

出 版 者　世界知识出版社
社　　 址　北京市东城区干面胡同51号　　　　　邮　编　100010
网　　 址　www.wap1934.com
经　　 销　新华书店

责任编辑　罗养毅　李　刚
责任出版　刘　喆
责任校对　张　琨

照　　 排　北京世知文化创意有限公司
印　　 刷　北京京科印刷有限公司
开　　 本　960×640毫米　1/16　10½印张　146千
版次印次　2014年12月第一版　2014年12月第一次印刷
书　　 号　ISBN 978-7-5012-4785-1
原书书号　ISBN 4-00-430149-1
定　　 价　25.00元